動物の看護師さん

動物・飼い主・獣医師をつなぐ
6つの物語

保田明恵
Yasuda Akie

大月書店

はじめに

みなさんは動物看護師という職業をご存じですか？
動物にかかわる身近な仕事といえば、獣医師《じゅういし》やドッグトレーナーなどはよく知られていますが、それにくらべて動物看護師は、知名度はあまり高くないようです。

人間のための病院に看護師がいるのと同じように、日本全国に存在する動物病院のほとんどに動物看護師がいて、獣医師のかけがえのないパートナーとして力を発揮しています。動物看護師という職業名を聞いたことがなくても、犬や猫《ねこ》などの動物を飼っており、動物病院を訪れたことがある人なら、かならずや何かの形でお世話になっていることでしょう。

人の医療の看護師と動物看護師のもっとも大きな違《ちが》いは、病院での治療《ちりょう》対象となる患者《かんじゃ》が、人間ではなく動物である点です。動物なので自分の口から体調を説明したり、進んで検査や治療を受けることもありません。そんな、病気を治すことに「非協力的」ともいえる動物の命を救うために、動物看護師の存在は欠かすことができません。

動物看護師の役割はよく、動物、飼い主、獣医師をつなぐ「架《か》け橋」にたとえられます。具体的には、獣医師が動物におこなう診察《しんさつ》や治療を補助したり、言葉を話せない動物の身になって手厚く看護し、異常に気づいたらいち早く獣医師に報告します。愛する動物の病気で落ちこむ飼い主を支え、病気や治療について獣医師の説明が難しければ、やさしくかみくだいて話すことも求められます。また、飼い主とは日頃からコミュニケーションをとることで、獣医師には遠慮《えんりょ》して直接いえない本心を話してもらい、それを獣医師に伝えて治療方針に生かすこともあります。そうやって、立場の異なる三者それぞれに寄り添《そ》い、上手に橋渡《わた》しをしながら、よりよい治療がなされるよう心をくだいているのです。

本書は、個性の異なる6人の動物看護師の仕事ぶりや体験を、1話につき1人ずつつづるノンフィクションです。

動物病院は命を扱《あつか》う現場です。真剣勝負がくり広げられるこの場所で、獣医師の右腕《みぎうで》となり、時に悩《なや》みながらも奮闘《ふんとう》する動物看護師の姿はきっと、読む人の心を打つものがあると思います。動物病院が舞台の本やドラマといえば、獣医師の華《はな》やかな活躍《かつやく》にスポットライトを当てたものがほとんどでした。本書をとおして、これまであまり語られることのなかった動物看護師による、動物、そして人間への愛あふれるストーリーに、ぜひふれてみてください。

目次　―動物の看護師さん―

Story 1

治《ち》療《りょう》だけがすべてじゃない

物いわぬ動物の側に立つ

愛犬に導かれ動物看護師の道へ

犬の柚《ゆず》が初めてやって来る日。三谷恵利佳《みたにえりか》は待ち遠しくて、模擬《もぎ》試験も部活のバレーボールもまったく身が入らない。一刻も早く対面したくて、いつも自転車通学している高校まで、母親の敏子《としこ》に頼《たの》んで車で迎《むか》えにきてもらったほどだ。

部屋のドアを開けた瞬間《しゅんかん》、目に飛びこんできたのは、ベッドの上にチョコンと座っている、アプリコット色のオスのトイ・プードル。

(なんて、かわいいんや……！)

恵利佳は衝撃《しょうげき》を受けた。抱《だ》っこすると、フワン、とやわらかな感触《かんしょく》が伝わってきて、胸がキュンキュンするのを抑《おさ》えることができなかった。ちなみに、集中力を著しく欠いた模擬試験では、恵利佳史上最低点をたたき出してしまうというおまけまでついてしまった。

(この瞬間から、私の動物人生は始まった)

あとになって恵利佳は、そう思うようになった。

柚はいつもパタパターッと軽やかに駆《か》け寄ってきて、体を恵利佳にくっつける。それからはもう、文字通り、二人はずっといっしょにすごした。柚をなでながら食事をし、柚を膝《ひざ》においてテレビを見る。もちろん寝《ね》るときもいっしょ。人より少し高い犬の体温が伝わってくる。いっしょにいればいつだって、体の一部がふれていた。

いつしか高校卒業後の進路を決めなければならない時期に来ていた。だが恵利佳は将来、自分が何になりたいのかわからなかった。両親は大学への進学を望んだが、将来像がイメージできないのに、何を基準に大学を選べばよいというのか。

「もうええ加減、進路を決めなさい」

しびれを切らした敏子に渡されたのが『13歳《さい》のハローワーク』だ。作家の村上龍《むらかみりゅう》氏が書いた10代向けの職業紹介《しょうかい》本で、２００３年に刊行されベストセラーになった。

恵利佳は真っ先に、「動物が好き」と書かれたページをめくった。

（なになに？　獣医師《じゅういし》、動物園の飼育係、トリマー……だって。私が好きなことといったら、やっぱ柚やしな。動物のことを仕事にできたらいいかもしれん。トリマーなら、ええかもな）

トリマーとはトリミングとよばれる犬や猫《ねこ》の被毛《ひもう》のカットや、体の手入れを職業とする人のこと。トイ・プードルは、カットしないと毛が伸《の》び続けるため、トリミングする必要がある。トリミングをほどこされた柚が、かわいくなって帰ってくる姿を見るたび、恵利佳はプロの手腕《しゅわん》に感心していた。

興味を持つとさっそく、トリマー養成の専門学校が、入学希望者向けに開催《かいさい》するオープンキャンパスに足を運んだ。だが、大量の毛が舞《ま》うトリミングの様子を見学した瞬間。

「ハーックション」

くしゃみがとまらず、目のかゆみにも襲《おそ》われた。恵利佳は本当は、犬や猫の毛や唾液《だえき》などが引き金となるアレルギー体質だったのだ。これまで柚といても症状《しょうじょう》が出なかったのは、トイ・プードルが毛のぬけにくい犬種であるためだった。その後、犬用のバンダナをつくる体験もあったのだが、手芸も何となく肌《はだ》に合わない。トリマーの道は断念せざるをえなかった。

そこで目をつけたのが動物看護師だ。『13歳のハローワーク』を読むまで、恵利佳はこの職業を知らなかった。こちらはトリマーのように毛だらけになるわけではないらしい。

恵利佳はふと、柚が以前起こしたアクシデントを思い出した。自宅の階段からジャンプしたところ、着地をしくじって前足を骨折してしまったのだ。

「キャインキャインキャイン！」

悲鳴が聞こえ、ベッドからはね起きた。事態をのみこむと動物病院へ連れていき、手術してもらった。帰宅後、安静にしなければならないのに、三本足で懸命《けんめい》に歩こうとする柚の姿や、敏子といっしょにテープの巻き替《か》えに苦労したことがよみがえってきた。

（かわいいコを、カットでもっとかわいくして飼い主に返すトリマーの仕事もいいけど、動物看護師になっておけば、将来、柚のためにもなるんじゃないかな）

恵利佳はかねてより、「もう飼えなくなった」「野良猫が子猫を産んだ」などの理由から、自治体の愛護センターなどに連れてこられた犬や猫に飼い主を見つける保護活動にも興味があった。動物看護師としてのスキルを持っていれば、いつかそこでも力になれるかもしれない。京都府の家を出て、大阪市にある動物看護師を養成する専門学校に入学。2年後に卒業すると、大阪市内の動物病院に就職した。

ミニチュア・ダックスフンドの駆血《くけつ》は新人泣かせ

動物病院で働き始めてわずか3日目、恵利佳は「プロの洗礼」を受けることになる。強烈《きょうれつ》なダメ出しを食《く》らわせたのは、入院していたウェルシュ・コーギーだ。

食餌《しょくじ》を与えようと、無造作にケージの扉《とびら》を開けたところ、「ガブッ」とやられてしまった。左手の親指のつけ根あたりに歯型がつき、血があふれてくる。

「痛いーっ」

恵利佳の左手は包帯でたちまちグルグル巻きになった。さらに悲惨《ひさん》なことには、それを見た先輩《せんぱい》から怒《おこ》られてしまったのだ。

「バイトって書いてるやん」

ケージには「ラブ」と犬の名前が書かれた札が下がっている。その横にはたしかにＢＩＴＥ

の文字、日本語に訳せば「噛《か》む」。注意書きを見落としたのは不注意だった。

ラブの顔にはこう書かれていた。

〈おめぇじゃねえよ〉

動物の世話をするには、接近の仕方や手を出すタイミングなど、動作の作法のようなものがある。何も知らずに適当に手を出せば、噛まれてしまうこともあるのだ。動物の扱《あつか》い方を知らない新人が来たと、ラブにはすっかりお見通しなのだった。


もっとも手こずったのが保定《ほてい》だ。保定とは、診察《しんさつ》や検査、治療《ちりょう》などの際、それらをほどこすための姿勢を動物にたもたせ、そのまま動きを止めることをいう。暴れたり逃げたりされることなく、動物と人、どちらも安全かつ正確に診療《しんりょう》するために欠かせない。

「人間の医療《いりょう》の看護師には存在しない、動物看護師の業務は？」と問われてもっともわかりやすい例が、この保定ということになるかもしれない。さまざまな診療場面で、動物看護師がサッと保定につくのは、動物病院で日に何度もくり広げられる光景だ。

さて、保定と一口にいっても、診療内容によりポーズは異なる。採血なら針を刺《さ》す足をグイッと伸ばす、レントゲン撮影《さつえい》ならうつ伏《ぶ》せや仰《あお》向け、横向きに。目薬をさすならあごの下に手を入れ顔を上向かせ、もう一方の手は頭上において目を開かせる、といった具合だ。

両手のてのひら、腕《うで》、わき、胸などをうまく使って動きを封《ふう》じるのだが、いたずらに力任せに抑えこめばよいかというと、それでは動物が反発してしまい、さらに困難となる。

保定の方法は、病院や個人でもやり方が異なり、それぞれがやりやすいテクニックを持っているといえる。力ずくではなく、要所を心得た抑え方で、動きをピタリと止める。それがプロの保定だ。一見簡単なようで奥《おく》が深く、新人動物看護師の多くが悩《なや》まされることになる。


特に苦戦したのがミニチュア・ダックスフンドだ。

ミニチュア・ダックスフンドは日本で人気のある犬種のため、来院頭数も多い。そのたびに「勝手が違《ちが》う」と戸惑《とまど》ったのが、体の持ち上げ方だ。柚で扱い慣れているトイ・プードルは、体がやわらかいため、片手でお尻《しり》を丸めるようにしながら抱っこができる。ところがミニチュア・ダックスフンドは胴《どう》が長く、また腰《こし》を痛めやすいため、腰を曲げないようにして横から持たねばならない。

保定の際におこなう駆血にも悩まされた。

駆血とは、獣医師が採血をおこなう時に、血液の流れを止めて、静脈をプックリと浮《う》き上がらせること。人間では駆血帯《くけつたい》とよばれるゴム紐《ひも》が使われる。動物でも駆血帯を使う場合もあるが、恵利佳の病院のように、保定する人が手で駆血もするところも多い。

ミニチュア・ダックスフンドは、足が太く、筋肉質だ。そのため、駆血のための指がまわりにくく、血管も浮きづらい。

足の長い犬種なら、たいていどこかの位置で血管がきれいに浮いてくるものだが、足の短いミニチュア・ダックスフンドは、採血できる場所も限られる。そのため、きっちりと確実に、血管を浮かせる腕が、動物看護師にもとめられることになる。

(先輩たちは上手にやってるけど、見たとこ、私とやり方は同じやし。何が違うんかな?)

悩んでまわりに相談すると、ひとつ年上の先輩が上手なので、聞いてみるようにいわれた。

「すみません、ダックスの駆血のポイントを教えてください」

「ん? 慣れよ慣れ。特別なこと、してないからね。あ、力だけは入れないで」

ニコニコしながら教えてくれたアドバイスは、それだけだった。

今になって、恵利佳が後輩《こうはい》に同じことを聞かれたら、この時の先輩と同じように「慣れ」と答えてしまう。別にいじわるしているわけではなく、駆血や保定のコツのようなものは、それほど言葉にしがたいものなのだ。

(ようし。慣れというなら、とことん慣れるしかない)

駆血名人からのアドバイスを正面から受けとった恵利佳は、まわりにこうお願いした。

「ダックスが来院したら、保定は全部私にまわしてください」

とにかく場数《ばかず》をふむことで、体で覚えていった。すると努力のかいあって、いつしか、「三谷さん、ダックスの駆血、一番うまいよね」と一目おかれる存在になっていった。

動物看護師としてデビューしてすぐ、ウェルシュ・コーギーに噛まれてしまった恵利佳だが、動物相手の仕事である以上、新人を卒業してもケガをすることもある。

飼い主がいないと大暴れする猫がいた。超音波《ちょうおんぱ》検査の際、後輩の動物看護師が保定しきれず、診察室を脱走《だっそう》してしまった。この時はスタッフが何とか連れもどして事なきをえた。

次にレントゲン検査をするため、先ほど失敗した後輩にかわって恵利佳がよばれ、レントゲン室に入った。患者《かんじゃ》が人間の場合、本人のみがレントゲン室に入るが、動物は撮影時に静止してくれないため、人もいっしょに入室して保定をおこなう。

台の上に猫を横たわらせ、恵利佳が後ろ足を、もう一人が前足を抑えた。

案の定、猫は暴れ始めた。すると、その力に耐《た》えきれなくなったのか、あるいは手から猫がすっぽりぬけたのか、前足を担当していた人が手を放してしまった。

「放さんといてー」

悲鳴を上げたものの、時すでに遅《おそ》し。撮影時は放射線にさらされるのを避《さ》けるため、防護のための服や長い手袋《てぶくろ》などを着用するが、猫はまず、自由になった前足で、手袋からのぞく恵利佳の腕を思いきり引っかくと、もはや一人の力では制御できなくなった恵利佳の手をふりきり、レントゲン室じゅうを駆けまわった挙句、最後は人の手の届かない狭《せま》いところへと逃げこんでしまった。

（やってしまった……）

仕方なく、待合室にいた飼い主の女性に、レントゲン室に来てもらった。

「モナカちゃーん」

女性がよぶと、さすがは飼い主。猫は「ニャン」と鳴き、先ほどの猛獣《もうじゅう》のような態度とは打って変わったしおらしい様子で、恵利佳たちの前に姿を現した。

全員がホッとしたのも束《つか》の間、女性がギョッとした顔つきに変わった。それもそのはず、レントゲン室には生々しい血の跡《あと》がついていたのだ。

「あれ？　血がついてる……」

恐《おそ》る恐るそう口にする女性に、

「大丈夫《だいじょうぶ》です、私の血なんで」

と返した恵利佳は、次の瞬間、女性の言葉に思わず耳を疑った。

「ああよかった」

（ま、そやな。飼い主さんが心配になるのはもっともや。猫が無事ならそれでええわ）

もっとうまく猫を落ちつかせる接し方があったのかもしれない。暴れ猫にたいする扱い方を大反省した恵利佳だった。

念願のドッグラン誕生

恵利佳の病院では月に一度、外部から講師を招き、パピークラスを開いていた。

パピークラスとは、飼い主と子犬が参加するしつけ教室のこと。警戒心《けいかいしん》が弱く好奇心旺盛《こうきしんおうせい》な子犬の時期に、飼い主以外の人間や他の子犬とふれあわせることで、将来、社会でストレスなく生きていける犬に育てたり、子犬を飼い始めた人に必要な知識を教えるのが目的だ。

しつけといえば専門学校時代、恵利佳はドッグトレーニングの授業を選択《せんたく》していた。学校で飼育されている犬と半年間ペアを組むのだが、相棒に指定されたのは、メスのポインターのプルート。タオルもリードも食いちぎり、果ては脱走して他の犬の部屋へ忍《しの》びこんだ前科から、プルートの部屋には天井にも柵《さく》が張られてしまったというスーパー問題児犬だった。

だが、犬たちのなかでプルートだけが最年長の3歳。恵利佳の先輩にあたる代々の学生から、すでにトレーニングを受けてきたベテラン犬で、指示を出せば何でもできるため、今さら教えることは何もなかった。

とはいえ、活発で遊びがいのあるプルートのことがかわいくてたまらず、恵利佳はトレーニングに熱中した。プルートの優秀《ゆうしゅう》さに助けられ、実技テストでは100点をとる息の合ったペアへと成長したほどだ。

そんな恵利佳にとって病院のパピークラスは、大好きな犬と、いい思い出が満載《まんさい》のトレーニングの両方にかかわれる、魅力《みりょく》的なプログラムに映った。先輩の動物看護師たちはそろって猫派だったこともあり、他に目をつける人もいないらしい。

動物看護師になって2年目。恵利佳は思いきって、講師の山内《やまのうち》かおりに申し出た。

「パピークラスをやってみたいんです」

山内から許しが出て、パピークラス担当者として一歩を踏《ふ》みだした。

開催時間がせまると、2つ並んだ診察室の、取り外し式の壁《かべ》をはらって一つの空間とし、椅《い》子《す》や机も外に出す。そうやって確保されるささやかなスペースが、このクラスの会場だった。

恵利佳は講師のサブにつく形で、クラスの進行にかかわり始めた。

例えば歯みがきの必要性について、山内が一通りレクチャーする。

「さてここからは、実際の磨《みが》き方をお教えします」

とふられると、歯ブラシ片手に恵利佳がみんなの前に出ていって、実際に動かしてみせながら、やり方を説明してみる。

みずから志願しておきながら、人前でしゃべるのが苦手な恵利佳は、毎月この日が来るのが不安だった。だが、子犬とふれあえる楽しさは何物にもかえがたい。また、子犬を飼い始めた初々《ういうい》しい時期に、あれこれ教えてくれた「先生」とは特別な存在なのだろうか。思いがけず飼い主が親しみをこめて接してくれるのには感激した。このときの子犬が、すでにシニア犬となった今でも、「三谷さん！　会えてうれしい」と、声をかけてもらえるほどだ。

（やっぱりやってよかった）

やる気に火がつき、待合室で声をかけて参加者をつのったり、オスワリやフセなどの教え方をわかりやすく説明した冊子をつくったりと、クラスを盛りあげようととりくんだ。

クラスの開催中、恵利佳は子犬たちを撮影した。子犬のころの写真は、二度と撮《と》れない貴重なものだ。それを紙に印刷《いんさつ》し、名前と日付も入れて、夏なら花火など季節のフレームでデコレーションする。飼い主が次に診察に来た際にプレゼントすると、

「ええっ。1週間前の写真、今とぜんぜん違う」

子犬の著しい成長ぶりを写真で目の当たりにして、たいそう喜ばれた。


パピークラスを担当して2年目。規模拡大のため病院が建て替えられることになった。

「実現できるかどうかは別にして、みんなで夢を出してみよう。新病院にほしいものがあれば意見をください」

院長の楠原武哲《くすはらたけあき》の言葉に、スタッフは色めき立った。恵利佳は思いきってこう伝えた。

「あのぅ、私、ドッグランがほしいです」

診察室を無理につなげたパピークラスの会場は手狭《てぜま》だ。犬たちが自由に走りまわれる専用スペースがあれば、もっといろんなことができるし、診療時間と重なる時間帯にも開催できる。

願いはかなえられ、新築の病院にはピカピカの室内ドッグランが誕生した。

これを機に、1回きりだったクラスは、3回連続コースへと充実《じゅうじつ》化された。その2年後、恵利佳は動物看護師長に就任したのを機に、パピークラス担当を後輩の手へゆだねた。山内と

いっしょに発展させていったパピークラスは、今や病院の人気のサービスとして定着している。

柚、肝不全《かんふぜん》になる

「柚がなんかしんどそうや。おしっこの色も黄色いし」

ある日、敏子から電話がかかってきた。恵利佳は病院に行くよう伝えた。翌日、敏子から受けたのは次のような報告だった。

「肝臓《かんぞう》の病気やっていわれたわ」

週末、急いで実家へ帰った。柚の主治医からあらためて、説明を聞くためだった。

柚は、肝臓の働きが低下する肝不全だった。さまざまな検査をくり返しおこなったものの、原因は不明だと主治医はいった。

柚の闘病《とうびょう》が始まるにあたり、恵利佳はいやな予感がしていた。恵利佳は年に一度、柚に健康診断《しんだん》を受けさせていたが、病院のケージに入れられた柚はいつも、「この世の終わり」とばかりさわいだ。家では自由にすごさせてきたし、人と離《はな》れるのが好きではないため、閉じこめられることが大きなストレスとなるようだった。

そして実際、検査や処置のため病院に半日預けたところ、想像通り大声で鳴き、暴れた。こうやって無駄《むだ》に体力を使い、家に帰るとグッタリしてしまう姿を見て、

（柚にかわいそうなことをさせてしまっている。半日でこれなら、いずれ入院なんてとんでもない）

恵利佳も家族もそんな思いをぬぐえなかった。

不安でいっぱいな様子の敏子に、恵利佳はこう相談した。

「大阪の私の病院にかかるようにすれば、日中も私が見ていられるから安心やし、たくさんの先生がいるから、もしかしたら何かいい治療のアイデアがあるかもしれんけど、どうする？」

だが、敏子はきっぱりとこう答えた。

「柚は家以外の場所が苦手やし、私も柚が遠くに行ってしまって、『今、どうしてるやろ？』と考えるのはつらい。ここにいれば一日中、そばにいてやれる」

恵利佳は、自分に負けないほどの深い愛情を柚に注いできた敏子の意見を尊重した。

大阪での仕事をこなしつつ、家族を遠距離《えんきょり》でサポートする日々が始まった。毎週、休みのたびに実家へ帰る。そしてひとりで動物病院へ足を運んでは、動物看護師の知識を生かしながら、家族代表として柚の主治医と話し合いを重ねた。

そんなとき、思わぬ朗報が舞いこんだ。柚の体調を安定させるため、輸液《ゆえき》といって、つねに水分や電解質、栄養などを点滴《てんてき》により体内に補う必要があったが、自宅で点滴ができるよう、病院の輸液ポンプを貸してくれるというのだ。

輸液ポンプとは、点滴の器具にセットすれば、あらかじめ設定したとおりの速度や量で点滴ができる器械のこと。動物は自分で動いてしまい、チューブがぬけるなどのアクシデントが起きやすいことから、動物病院では、何かあればアラームで知らせる輸液ポンプを使うのが普通《ふつう》だ。高額な医療機器を貸してくれたのは、恵利佳が動物看護師であることをふまえての、特別なはからいだった。

ちなみに、飼い主が自分のペットに医療行為をすることは法律的に何ら問題ない。たとえば糖尿病《とうにょうびょう》の犬や猫に打つインスリン注射も、獣医師の指導のもと、飼い主が自宅でおこなう治療方法としてよく知られている。

（これさえあれば、お母さんでも家で点滴ができるから、入院させずにすむ。ありがたい！）

病院で前足の静脈に、点滴をするための留置針《りゅうちしん》とよばれるやわらかい管を入れてもらい、そこから点滴用のチューブなどもすべてセットしてもらった。

入院させるかわりに毎日のように病院へ柚を連れてゆき、診察、検査、処置をしてもらう。そして家に帰ると敏子が輸液ポンプをセットし、輸液を流すのが日課となった。

検査や治療は痛く、苦しいものだったろう。だが、輸液ポンプのおかげで、それらが終わり次第家に帰れば、ずっと家族とすごすことができた。それは柚にとって、つらいと同時に幸せな闘病だったにちがいなかった。

だが状態はいっこうに良くならない。柚はどんどんやせて弱っていった。考えたくもないことが脳裏をよぎり始める。たった一本の糸が切れれば涙《なみだ》があふれてしまうから、家族みんなで必死に耐えている。そんな重たい空気が、家中を支配していた。

仕事があって帰省できない日は、ペットの健康にご利益《りやく》がある神社にも足を運んだ。絵馬を奉納《ほうのう》し、家族のぶんの肉球型のお守りも買った。賽銭《さいせん》もはずむ。

(どうか神様。柚を助けてください)

動物看護師なのに何もできず、神頼み。そんな自分がもどかしい。

柚は皮膚《ひふ》などが黄色くなる黄疸《おうだん》症状が進み、いよいよ食べられなくなった。

(ゆっくん、食べな、お母さんとバイバイなってしまうよ！ がんばれ！ がんばれ！)

敏子は懸命に声をかけ続けた。

8月に入り、敏子と病院へ行くと、検査結果を見た獣医師からついにこういわれた。

「次の検査で改善がなければきびしいです」

恵利佳は涙をグッとたえた。だがそんなとき、二人は知人から信じられない言葉をかけられる。

「お盆《ぼん》やしな。みな逝《い》くんよ、この時期」

心に亀裂《きれつ》が走った。お盆だから、ご先祖様の霊《れい》があの世から迎えにきたというのか。

(もうあかんのは重々わかってるんや。そんな言葉で、柚との年月をかたづけるな)

こらえようと必死だったが、ボロボロと涙をこぼしている敏子と目が合った瞬間、恵利佳の目からも涙が落ちた。敏子と自分を傷つけたその言葉が、いつまでも耳にこだました。

8月12日、大阪へもどる夜。

「ゆっくん、帰るね」

恵利佳はソファで寝ている柚にやさしく声をかけた。扉を閉めるとき、柚がこちらを向いた。クリクリの目と目が合った。

13日に敏子からの連絡《れんらく》を受け、仕事を早退して家へと急ぐ途中《とちゅう》で、柚は旅立った。恵利佳は京都駅の生花店でお供《そな》えの花をもとめた。生まれて初めて買う、大きなひまわりの花束だった。

柚と対面すると、気持ちをひきしめ、いつも仕事でしてきたようにエンジェルケアをほどこした。エンジェルケアとは動物看護師の仕事のひとつで、亡くなった動物にたいし、薬や体液などで汚《よご》れた体を洗って、生きて元気だった時のようにきれいな姿にすることをいう。上の唇《くちびる》を下の唇に少しかぶせると、口角がキュッと上がって見え、苦しそうだった表情がほんのりと、ほほえんでいるようになった。

「お前、すごいな」

父親の利昭《としあき》が、プロの仕事ぶりに感服したようにつぶやいた。

恵利佳が一番好きな服を着せた。空の上の世界で着替えられるようにと、棺《ひつぎ》には夏用と冬用の服も一着ずつ納めた。

「うちに来てくれてありがとうね。大好きよ」

最期《さいご》に伝えたのは感謝の気持ちだった。

亡くなってからも、柚のことが片時も、頭から離れなかった。

「肝臓が悪いですね」

そんな獣医師の言葉を聞くだけで、柚のことがオーバーラップして心臓がバクバクと鳴る。ある犬は複数の病気をかかえていた。調子も悪い、だが、生命の危機には瀕《ひん》していない。そう思った瞬間、胸がきしんだ。

(このコは生きているのに、なんで柚は……ああもう、あかんあかん、私は何を考えてるんや)

動物看護師失格だ。自己嫌悪《けんお》で、トイレに駆けこみ泣いた。ひとり暮らしの部屋は、柚の写真で埋《う》めつくされた。

入院環境《かんきょう》の改革に乗りだす

柚との別れは、体調不良におちいるほど恵利佳を苦しくさせた。だが、闘病を体験したことはけっして無駄ではなかった。この一件が、看護にたいする考え方を劇的に変えていったのだ。

（治療だけがすべてではない）

悲しみのトンネルから少しずつぬけだすなかで、こう思うようになっていった。

病気を治すということだけを考えるなら、柚だって入院室という、完全に管理された環境におくのがいいにはちがいなかった。

だが、柚は家にいることで、きらいなケージを我慢《がまん》することもなく、最期まで家族とおだやかな時間を持つことができた。

（治療だからと無理にしたがわせるんじゃなくて、動物がつらいなら、そのコに合わせてあげればいいんじゃないか）

もちろん飼い主に輸液ポンプを貸しだすことはできないが、そのコらしくすごさせてあげるために、動物看護師としてできることはあるはずだ。


病気を「治すこと」をゴールにすえ、そこになるべく早く達し、できる限り最善の結果を出すこと。それが「治療」であり、獣医師がめざすものならば、恵利佳がそこに持ちこむのが「看護」の視点だ。

結果を最優先させる治療では、痛い、不快といった個別の動物の感情は見すごされがちだ。

「今はつらくても、早く治すのがあなたのためなんだから耐えてください」ということにもなる。

だが恵利佳は、動物は一頭、一匹《ぴき》ずつ性格が違うのだから、たとえ同じ病気にかかっていたとしても、どんな世話や治療の仕方がふさわしいのかは、動物ごとに異なるはずだと考える。言葉を話せない動物は、ナースコールで人をよび、要望を伝えることもできない。だからこそ恵利佳は、自分が物いわぬ動物の立場に立ち、そのコにベストな看護をしようと決めたのだった。

さっそく改善に乗りだしたのが、入院環境づくりだ。

柚のように、ケージをいやがるコは少なくない。あからさまに拒絶《きょぜつ》しなくても、衛生をたもちやすいという人間の都合でつくられた冷たいステンレス製のケージは、動物にとってはわが家とはかけ離れた場所となる。

（なるべく家で寝ているのと同じ環境に近づけたい）

そこで、バスタオルを3～4枚しいて、フワッフワの寝床《ねどこ》にしてしまう。タオルは1枚程度という動物病院も多いなか、大盤《おおばん》ぶるまいだ。

後輩が、2枚程度ですませるのを目撃しようものなら、

「タオルが少なーい！」

すかさず追加する。おかげで洗濯物《せんたくもの》はいつも山積みだ。

さらには毛布や動物用のベッド、枕も入れる。飼い主にもお願いして、家族の匂《にお》いのついた

タオルもできれば持参してもらう。こうすればケージにいることを忘れて、リラックスしてもらえるだろう。

面会に訪れた飼い主は、殺風景なはずのケージが、あたたかみあふれる空間へと変身しているのを見て満足そうだ。

ある時、受付によばれて出ていくと、すでに退院した動物の飼い主が笑顔で立っていた。

「三谷さん、うちで使い古したものなんやけど、タオルいらん?」

差し出されたのは、両手に抱《かか》えきれないほどのタオルの寄付。もちろん大歓迎《だいかんげい》だ。


さてここまではある程度、どの動物にも共通する工夫。ここからはさらに、一頭ずつの視点から、どんな工夫をすればそのコが快適にすごせるのか、知恵をしぼる。

寝たきりのミニチュア・ダックスフンド。横向きで寝ていた体を起こし、伏せの姿勢にして、U字型のクッションにあごを乗せてやった。体位を変えるのは、床《とこ》ずれ防止のため。そして、両目を使って正面やまわりを見まわすという、犬本来の視界をもどしてあげたいと考えたからだ。前足がちょうどU字のくぼみに収まり、居心地《いごこち》良さそうだ。

血栓塞栓症《けっせんそくせんしょう》をわずらった猫。動かなくなった後ろ足を引きずって移動するため、ケージ内に設置されたトイレのふちをまたぐのがひと苦労だ。

そこで段ボールを切って三角形に折り、トイレに上がりやすいようスロープをつけてあげた。

（使ってくれるかな）

猫はバリアフリーの使用法に気づいたようで、やがて段ボールの坂をのぼっていった。

具合が悪ければ別だが、体調が落ちついていれば入院生活は退屈《たいくつ》なものだ。獣医師に確認して問題ないといわれれば、ひとりで遊べそうなおもちゃもなるべく入れてあげる。

（点滴でひまそう。気分転換《てんかん》になれば）

猫のいるケージの壁に、吸盤《きゅうばん》で接着するおもちゃを取りつけてみた。先端《せんたん》から突《つ》きでた色とりどりのリボンをながめれば、少しは気もまぎれるだろう。

長期入院中の下半身不随《ふずい》の猫。こちらも獣医師の許可をえると、恵利佳は昼の休診《きゅうしん》時間になるのを待って、猫を入院室から、誰《だれ》もいない診察室へと連れだした。窓際に動物用のベッドをおいて、猫を座らせる。外を行き交う車や人。猫は動くものに興味をそそられる。

（頭のリフレッシュになるかな）

久しぶりに浴びる日の光のなかで、猫は目を細めて、いつまでも外の世界を見つめていた。

「淡々《たんたん》と仕事するだけでは、絶対いい看護はできんよ。看護には思いやりが必要。そのコのためにしてあげられることをやることが、思いやりなんやと私は思う」

折にふれ、後輩たちにもそう伝えている。

動物病院の多くは、ペットホテルとよばれる有料のサービスをおこなっている。飼い主が旅行などで、動物の面倒《めんどう》をみられないときに、半日、あるいは1泊《ぱく》以上、動物を預かるというものだ。世の中にはペットホテルのみを専門とする施設《しせつ》も存在するが、病院に併設《へいせつ》するペットホテルは、動物が高齢《こうれい》だったり持病があっても利用でき、健康管理もしてもらえる。また、普段《ふだん》からペットホテルを通して動物が病院に慣れ親しんでいれば、いざ治療が必要な時に、来院のストレスを軽減できるメリットもある。

このペットホテルで預かる動物の世話も、動物看護師の仕事だ。

〈出せ出せ出せ出せー！〉

ケージでピョンピョンはねながらさわぎ立てる犬。

（ストレスを感じるなら、出してあげたい）

スタッフが検査や処置をおこなう部屋にリードをつけてつないでやると、人のいる安心感から、犬は文句をいうのをピタリとやめ、寝始めた。こうやって日中だけ外につなぎ、夜になって人がいなくなるとケージにもどす。すると、昼間に程よい刺激《しげき》を受けたことで、大きらいなはずのケージにみずから入り、グッスリ眠《ねむ》ってしまうのだ。

「ちゃんと管理せんと、人も犬も危ないよ」

獣医師からは反対の声も上がる。もっともだとは思いつつも、恵利佳は動物の側に立つことをあきらめるつもりはない。

「暴れてケージ内でケガをするより安全です」

「明日から旅行に行くんでね。預かりのほう、お願いしますわ」

レジャーをひかえ、笑顔の男性にゆだねられた元気印の柴犬《しばいぬ》。そのありあまる体力たるや！　ケージでジッとしてくれるわけがない。

「さあ、自由に駆けまわれ」

休診時間、リードを離れた柴犬は、喜び勇んで院内の探検に出かける。

「子猫を拾って飼うことにしたんやけど、ミルクを卒業するまで預かりをお願いできんかな？」

期せずして、愛らしい子猫2匹《ひき》の飼い主となった男性からの依頼《いらい》。

母親とはぐれた乳飲《ちの》み子は、人の手で一日何回もミルクをあげたり、排泄《はいせつ》をさせてやる必要がある。男性の要望は、通常のペットホテルのサービスを超《こ》えたイレギュラーなものだったが、恵利佳たちスタッフは日中は病院で、夜は交替《こうたい》で自宅に猫を連れ帰り、世話することにした。

昼間ケージで寝てばかりいる子猫たちのために、恵利佳は一念発起して、手製の段ボールハウスをプレゼントすることにした。

家には入口や、顔をのぞかせるための窓も開け、段ボールの切り口でケガをしないよう、ガムテープをふちに張りつけた。家の中には上下運動のための段もこしらえる。布を丸めてボールをつくり、天井から紐をつけてつるした。猫パンチするとゆらゆらと揺《ゆ》れ、楽しさ満点だろう。将来、自分でトイレをする日のために感触を覚えてほしいと、家のわきに猫のトイレ用の砂をしいたスペースも設けた。

2週間たち、子猫を自宅に連れ帰ってからも、男性はたびたび2匹をペットホテルに預けるようになった。病院でかわいがられ、今ではすっかりやんちゃに育った猫たちは、

〈ここもオレたちの家〉

と、余裕《よゆう》の毛づくろい。

面会のある入院とは違い、ペットホテルでは、動物がどんなふうに世話をされているのか、飼い主が見ることはない。恵利佳らの愛情あふれる世話を「証言」してくれるのは、嘘《うそ》がつけない正直もの、ペットホテルの利用者である動物本人だ。

散歩で病院の前を通ると、〈ここに入りたい〉としっぽをブンブンとふる犬。恵利佳に会うと突進《とっしん》して体をぶつけ、喜びをあらわにする。その光景を見て、飼い主がのんきにつぶやいた。

「うちのコ、病院好きなんですよね」

(それはもう、超絶《ちょうぜつ》愛情を持ってお世話してますから)

心の中でつぶやいて、恵利佳は胸を張る。

刃《やいば》にも支えにもなる言葉の力

柚と、母親の敏子を通してもう一つ、学んだことがある。動物が闘病中だったり亡くなってしまった人への言葉のかけ方だ。

ラッキーという名前の、14歳のオスのチワワ。てんかん発作が起きたり、後ろ足が動かず立てなくもなり、膵臓《すいぞう》から消化酵素《こうそ》が過剰《かじょう》に分泌《ぶんぴつ》される膵炎《すいえん》も発症《はっしょう》するなど、健康状態が悪化していった。女性は仕事があるため、日中はラッキーを病院に預け、毎日夕方になると迎えにやってきた。

恵利佳はしっかりと入院環境を整えた。足がもつれないよう、ケージの床《ゆか》にはタオルの下にゴム製のすべり止めマットをしき、発作で頭をぶつけても大丈夫なよう、ケージの壁一面にタオルを張りつけた。めいっぱい快適に整えるのは、半日、飼い主と離れてすごすラッキーが不安にならないよう、そして女性に安心して仕事に行ってもらうためでもあった。

「スタッフのみなさんに、毎日ご面倒かけてごめんなさいね」

世話をする動物看護師に、気をつかってくれる。

(こっちはぜんぜん大丈夫。だからお母さんは少しでもゆっくりして)

そんなメッセージを直接口に出すかわりに、恵利佳は入院中のラッキーをとにかくほめた。いつも喜んでラッキーの自慢《じまん》話をし、ラッキーのことを目に入れても痛くないほどかわいがっているだけに、「ラッキーはいいコ」と伝えることが、何より女性の支えになると考えたからだ。

「本当に手がかからないし、空気を読んでくれて、おしっこする時も、がんばってちゃんとトイレまで行ってするし。お母さんの育て方、さすがですね」

と、飼い主までほめる。つらい現実は、獣医師からさんざんいわれているのだ。だからこそ恵利佳は、いいことだけをいおうと決めていた。柚の病気の際、「お盆やし」の言葉で突き放された経験から、

（ああいうときの言葉は、一生残るもんがあるな）

と、かける言葉の重みを身をもって感じていたからだ。

ラッキーは食欲がなくなったため、人の手を使うなどして口に食べ物を入れる強制給餌《きゅうじ》で栄養を摂《と》らせていた。だが少量でも、自分から食べることはとても大事だ。一口食べたことがきっかけとなり、わずかでも食欲がもどることもある。それを期待して、恵利佳は獣医師の許可をえたうえで、近所の店で犬用のおやつを買って与えてみた。すると、

「ガツッ」

初めての食べ物に興味をそそられたのだろう、口にしたのには驚《おどろ》いた。喜び勇んで、その晩、迎えにきた女性に興奮しながら報告する。

「このおやつあげたら食べました！」

「そうなんですか！　今すぐ買ってきます」

病院を飛びだし、しばらくしてもどってきたその手には、袋いっぱいのあのおやつ。

「棚《たな》にあるの、全部買ってきました」

ささいなことであっても、喜ぶときはいっしょに喜ぶ。

（あなただけやないからね。私らスタッフがついてるから）

病魔《びょうま》との苦しい闘《たたか》いを強いられている女性に、その思いを必死で伝えたかった。


ラッキーは呼吸困難になり、集中治療室へと移された。恵利佳は獣医師にこうお願いした。

「ラッキーちゃん、もしかしたら呼吸がとまるかもしれんから、早めに飼い主さんに電話をしてください」

亡くなるなら、できるだけ飼い主のもとで。柚が家族に看取《みと》られた体験から、恵利佳はそう思うようになっていた。飼い主の心理はさまざまで、なかには「つらいので看取りたくない」という人もいる。そのためけっして強制はしないが、病院の動物がいよいよ危ないと思った時は、「飼い主さんが希望するなら、家に帰るという選択もあると伝えてほしい」と、迷わず獣医師に提案できるようになっていた。最期は絶対に、悔《く》いを残してほしくないから。

連絡を受けた女性が駆けつけた。

「ラッキー。母さんやで」

すると、飼い主の声だとわかったのだろう。ラッキーはしっかりと目を開けて応えた。

病気や高齢などで呼吸が弱っている動物のため、自宅で酸素室をつくるための器械をレンタルできるサービスがある。獣医師の勧《すす》めにより、女性は少し前からこのサービスを利用して、ラッキーが苦しそうにすると酸素室ですごさせていた。

「今日が山かもしれません。お家の酸素室が準備できたら、また迎えに来てください」

獣医師の言葉どおりに、女性はいったん帰宅してから、ふたたび来院してラッキーを連れ帰った。その日の夜遅《おそ》く、ラッキーは女性の膝の上で息を引きとったと、翌日、病院を訪れた女性から聞いた。

「ありがとうございました。私も年なんで、もう次は飼えませんけど、もしワンちゃんを飼う人がおったら、こちらの病院を勧めます」

女性は、最愛の犬を亡くした直後とは思えぬ笑顔だった。

（きっと、やりきったと思ってくれたんやろな。声をかけ続けてよかった）

女性はふと、こんなことも口にした。

「ラッキーがつらそうな状態をずっと見てきて、私も苦しかったから、いなくなってとても悲しいけれど、心が少し楽になりました」

（わかる。私も病気の柚を見てるんがつらかったから、亡くなったとき、心がちょっとスッとしたもん。これっておかしいんかなって思ったけど、私だけじゃないんやな）

飼い主から教わることもまた多い。

愛情治療で元気づける

新人時代にさんざん苦い思いを味わった保定。人間は「いかにうまく動きを止めるか」に目が向くが、これも動物の身になれば、「怖《こわ》くて当然」ということになる。（いきなり抑えつけられて、おまけに針まで刺されたりして、そりゃいやに決まってる。私らが大きいモンスターにつかまって、変な液体を体に入れられるようなものやもん。反抗《はんこう》したくなるのは当たり前や）

改めて動物を一頭、一匹ずつ観察すると、保定にもそのコにベストなやり方があることが見えてくる。技術に走らず、その動物の性格に合ったやり方を工夫するほうが、動物にストレスがかからないのはもちろん、おとなしくしてくれるため、人も安全に接することができる。人懐《ひとなつ》こいコだからといって、保定がスムーズにいくとは限らない。人が好きなぶん、甘《あま》えが出て、「いやだからやめてー」と暴れたりもするのだ。そんな場合はしっかりめに抑えたほうがよい。

反対に、飼い主以外に心を開かないコなら、こちらが力をこめるとはげしくいやがるが、フワッと抑えて何事もなかったかのように処置などをすませれば、難なく終えることができる。ただし臆病《おくびょう》なタイプは、診察台から飛び降りて逃げようとするので、カッチリと動きを制限する。

飼い主にベッタリな甘えん坊《ぼう》の、すふれという名の雑種犬が来た。ならばこの性格を利用して、飼い主にも手を貸してもらおう。

「私が体を持って、先生に処置してもらうんで、お母さんはすふれちゃんの顔、見といてあげてくれますか」

飼い主がそばにいる安心感で、すふれは何事もないかのように涼《すず》しい顔だ。

気に入らないと噛んだり攻撃《こうげき》してくる犬は要注意。そんなときは、助《すけ》っ人《と》をお願いする。恵利佳が保定するあいだに、もう一人が犬の前にまわって、おやつをあげたり、「いいコだね」とほめちぎってもらうのだ。

(ウフフ、このコ、しっぽふりながら採血されてるわ)

点滴の際の注射針にも気をぬかない。こちらも動物の性格により、適した針の太さが違うと思うからだ。二度目の通院でやってきたマルチーズ。恵利佳は獣医師に、こうお願いする。

「このコ、細めの針でしてもらってもいいですか? この前来たとき、針を刺すと痛がったから、少し時間がかかっても、細めのでしてあげたいです」

針を替えてもらい、点滴のあいだじゅう抱っこしてあやしてやると、すっかりリラックスして膝の上で寝てしまった。

一方で、太めの針ほど一滴《てき》あたりの輸液の量が増えるため、点滴にかかる時間は短くなる。

細い針なら例えば20分かかるところが、その半分ですむこともあるのだ。

（このコはストレスを受けやすい性格やから、太めの針を使って早く終わらせてあげたほうがええな）

そう判断して獣医師に相談することもある。

わりとよくあるのが、「一刻も早く飼い主のもとへもどりたい」モードになっているケース。

（それなら太めの針で、時間を短縮してあげたい）

こうしたタイプは、心の中が「帰りたい」一色のため、他に意識が向かないのだろう、太い針を刺してもたいてい痛がらないものだ。

刺す瞬間だけ痛がるコもいる。おそらく怖がりで、チクッとするだけで大仰《おおぎょう》に反応してしまうのだろう。そんな時は、

「ヨシヨシヨシヨシ」

明るく声をかけながら、顔を威勢《いせい》よくなでてやると、針を刺されたことにも気づかない。

病気で食欲がなく、フードを入れた皿をおいても口をつけなかった動物が、人の手から与えたり、声をかけると食べてくれることがある。恵利佳はこれを、「愛情治療」の力だと信じている。

（愛情治療の効果って、絶対にあるはず）

入院しているコたちは、見知らぬ場所に連れてこられているというだけで心細いはず。さらには、人間の足音が近づいてきたと思ったら、痛い注射に苦い薬。これでは入院生活は苦痛《くつう》でしかない。

だから恵利佳はほとんど意味もなく、日に何度も入院室に足を運ぶ。

「おはよう」

「今日の調子はどうだい?」

特にすることはないが、ケージを開けて頭をなでる。

「寒くない?」

「そろそろトイレは?」

ケージの奥でおびえているコがいたら、

「どうしたん? 大丈夫よ」

「ええなあ。タオル、フカフカで」

できるだけ声をかける。検査や点滴の場面でも、「すぐ終わるよー」などと動物に言葉をかけて恐怖心《きょうふしん》をやわらげるのは、恵利佳が大事にしていることだ。

こうして用もなくふれあえば、自分たち人間を怖いと思わなくなるだろう。治療のストレスも軽減されるはずだ。何より恵利佳自身、こうして動物をかまっている時間が何より楽しい。

とはいえ、単に遊んでいるわけではない。そのコのいつもの状態を知っていると、異常を見つけやすくなる。昨日までなかった症状が現れていないかどうか、一頭、一匹ずつを見て、足裏から口の中まで、全身をくまなくチェックする癖《くせ》がついていた。

(おなかの皮膚が赤くなってる)

(昨日の点滴が吸収されず、むくんでるわ。投与の量を減らすべきかも。先生に報告しよう)

毎日見ているからこそ、ささいな変化にも気づけるのだ。

耳の中が汚れていればガーゼでふきとり、爪《つめ》が伸びていれば巻き爪になって肉球に刺さらないようカット。体をケアして清潔にたもつのも看護の仕事だ。

プードルやシュナウザーなど、カットしないと毛が伸び続ける犬種もいる。

「ちょっと入院のコの、顔カットお願い」

治療中なので全身のトリミングは無理であっても、せめて顔だけでも手入れしてあげたい。飼い主は体の他の部分にくらべ、顔の毛の伸びが一番気になることが多いからだ。病院内でトリミングを専門におこなっているトリマーに頼み、ボサッとしてきた目のまわりの毛を切ってもらう。

(せっかく預かってるんやから、入院中に気になることは全部やってあげたい)

「あれ？　目のまわりスッキリした？」

闘病疲《づか》れがにじんでいるかと思いきや、反対にこざっぱりした様子で対面できて、飼い主も喜んでくれる。

診察で会うたび、鋭《するど》く威嚇《いかく》してきたおっかない猫。だが入院したので環境を整え、手をかけて世話したところ、心を開いてくれたのだろう。態度がガラリと変わり甘え始めた。

（やっぱり病院が怖かったんやな。ほんまはこんなに、めっちゃゴロゴロいうんやな）

リラックスして満ち足りた時、猫は喉《のど》を鳴らす。それを聞いていると、疲れもどこかへふき飛んでしまう。

（猫のゴロゴロって、人間にとって癒《い》やしの音やっていうけど、あれは本当なんや）

仕事をしていれば、理不尽《りふじん》なこと、腹が立つこともある。そんなとき、やはり恵利佳が向かうのは入院室だ。

「なー、ちょっと聞いてー」

ケージに頭をつっこんで話しかけると、犬が親愛の情を示すべく、恵利佳の頬《ほほ》をペロペロッとなめた。恵利佳はたちまち元気をとりもどす。

「ふっかーつ！　もう、何でもこい、や」

（どんな職業でも大変なことはあるけど、私は職場に癒やしおるし、かわいいのおるし。何もいわず、寄《よ》り添ってくれるコらがおるから幸せやわ）

動物たち以外、誰もいない入院室。幾層《いくそう》にも重なったタオルの上で、恵利佳は動物とかかわる日々を噛みしめる。

Story2

シニア犬との暮らし、楽しんで

介《かい》護《ご》に悩《なや》む心を支える

飼い主はシニア犬介護《かいご》の達人《たつじん》

マンション暮らしのため、ペットを飼ってもらえなかった幼い三橋有紗《みつはしありさ》が好んで出かけたのは、近所にある総合公園だった。お目当ては、敷地《しきち》内に設けられたふれあい動物園。そこにはたくさんの動物がいて、ヤギにエサを与えたり、犬と遊んだりしていると、いつもあっという間に時間がたってしまった。

小学校低学年になると、クラスメイトたちと交換《こうかん》するプロフィール帳に、こう書いた。

〔将来の夢。獣医《じゅうい》か、盲導犬《もうどうけん》の訓練士か、キャリアウーマン〕

他の女の子たちが、ケーキ屋さんやお嫁《よめ》さんなどと漠然《ばくぜん》とした夢をつづるなか、有紗の文字は、具体性と意志の強さにおいて際立っていた。

本を読むのも好きだったので、古書店に出かけては、100円で投げ売りされている文庫本コーナーで、犬に関するものをかたっぱしから買って読んだ。犬にかかわる職業を紹介《しょうかい》した本を読んでいると、ある箇所《かしょ》にきて目がとまった。

〈動物看護師だって？　ふうん、こんな職業もあるんだ。掃除《そうじ》したり、動物の面倒《めんどう》をみたりと

か好きだし、私、この仕事に向いてるんじゃないかな)

獣医師か盲導犬訓練士以外の選択肢《せんたくし》に、初めて気持ちが揺《ゆ》らいだ瞬間《しゅんかん》だった。

中学生になってからも、本やインターネットで調べるほどに、こう確信するようになった。

(先生とよばれる偉《えら》い獣医師よりも、陽気な動物看護師のほうが、合っているはず)

小学校の卒業文集、「将来の自分へのメッセージ」と題されたコーナーで、(ちゃんと獣医さんになってる?)と書いた有紗は3年後、中学校の卒業文集で、きっぱりとこう宣言した。

(私は動物看護師になる)

そこからはもう、動物看護師になることしか眼中になかった。

高校に入学すると、「動物看護師に必要な知識だから」と、生物の勉強に没頭《ぼっとう》した。かと思えば図書館で、犬の体の構造が解説された本を借りては、骨格のイラストを黙々《もくもく》と模写する。

(私、動物看護師に向いてると思ったけど、動物を飼ったことないし、末っ子だから、家族のなかでは面倒みてもらう立場だったし。本当にお世話するのが好きなのかな?)

一抹《いちまつ》の不安に駆《か》られると、他者に世話をやく体験をしてみたいと、サッカー部のマネージャーを願い出た。選手たちのサポート役は楽しく、心配は杞憂《きゆう》に終わった。

一度かためた決意は変わることなく、動物看護師を養成する専門学校に進学。卒業後は動物病院に就職し、夢にまで見た動物看護師として働く日々が始まった。

就職して1年目のある日。有紗は、院長の布川康司《ぬのかわやすし》によばれた。

「飼い主さんが、どうしても家を留守にしないといけないからと預かったコたちだ。世話を頼《たの》んだぞ」

見ると、入院室のケージの中に、小型犬が2頭。年齢《ねんれい》は17歳《さい》ぐらいだったか。

実際に世話を始めてみると、手厚い介護が必要なことがすぐわかった。自力で水も飲めず、ときどき、「え？　息してる？」と、のぞきこんで確認しないと心配になるほど老衰《ろうすい》しているのだ。

（これ、手をぬいたら死ぬんじゃないか）

事の重大さを実感したとき、ゾクゾクッときた。とはいえ怖気《おじけ》づいたわけではない。

（やりがいがあるぞ）

有紗は、人に任されるのが大好きな性格だ。そして、頼まれたことにたいしては、100点ではなくて120点を出したかった。小型犬たちの世話も、期待通りにこなして「ありがとう」といわれるのではなく、「まだ1年目なのにさすがだな」と、布川にいわせたくてたまらない。もちろん飼い主にも感謝され、犬たちにも満足してほしかった。

やる気だけはみなぎったものの、2頭のシニア犬を前にして、水の飲ませ方、寝返《ねがえ》りの打たせ方、床《とこ》づくりの方法、何一つわからない。

とにかく先輩《せんぱい》に聞くしかないとたずねてみるのだが、なぜかみな、いうことが違《ちが》う。

動物病院は介護施設《しせつ》ではないため、看護にくらべると介護をする機会は少ない。有紗の働く病院でも、当時は蓄積《ちくせき》されたノウハウがあるわけでもなく、介護のいる犬の世話については、言葉は悪いが各人がそのつど、場当たり的にこなしてきたようだった。

小型犬たちを何とか無事に、飼い主のもとに返してからも、シニア犬介護への探求心がとまらなかった。先輩をつかまえては質問を浴びせ、シニア犬の飼い主にも、「普段《ふだん》お家ではどうしているんですか?」と聞いてみる。そんなことをくり返すうち、気づいたことがある。

(生活のなかでのちょっとしたお世話の工夫とか、介護の知恵《ちえ》みたいなものは、飼い主さんのほうが持っているぞ)

ということだ。

例えば、犬の介護で、多くの飼い主が悩《なや》まされるのがおむつだ。犬用のおむつにはあらかじめ、しっぽを出すための穴が開いているのだが、犬がしっぽを動かすと、穴から排泄物《はいせつぶつ》が落ちてしまうことも少なくない。

すると、「うちは穴のふちにマスキングテープを貼《は》って、穴のサイズを縮めています」と、教えてくれる人がいる。

他にも、

「犬用のおむつは高額なので、人間の子ども用のトレーニングパンツで代用しています。中型犬ならサイズもピッタリ。穴を開ける際は、十字に切れこみを入れるとうまくいきますよ」

「足の床ずれ防止のため、100円ショップで売っている、靴下《くつした》型の椅子《いす》やテーブルの脚《あし》用カバーをはかせています」

と、次々に情報が集まってきた。

こうしたノウハウを教わるたび、有紗は子ども服店や100円ショップなどに走り、すべて試してみた。そして、「なるほど、これはいい」と納得すると、その知識を他の介護中の飼い主に伝えては、喜んでもらうようになった。

時にはこんな風変わりなアイデアにも遭遇《そうぐう》した。

「娘《むすめ》がおむつに一枚ずつ、全部違《ちが》う象の顔の絵を描《か》いてくれています。ほら、穴からしっぽが飛びだすでしょう。あれがちょうど象の鼻になるんです」

(なるほど、これなら、「おむつを替《か》えるのが面倒」と思わないどころか、おむつをつけるたび、楽しい気分になるにちがいない)

飼い主があみだす「わが家の工夫」は、それぞれが理にかなっており、有紗は感心させられっぱなしだった。

さて、有紗が新しく入手した介護の方法やグッズを試す際、格好の相棒となったのが、病院で飼っていた寝《ね》たきりのおばあちゃん犬、ラムだ。

ラムはかつて、あるおじいさんに飼われていたが、おじいさんにしか懐《なつ》かず、誰彼《だれかれ》かまわずすぐに噛《か》む。そんな犬だったので、おじいさんが亡くなると、親戚《しんせき》も引きとることが難しく、有紗の病院で生涯《しょうがい》面倒をみることになったという経歴の持ち主だった。

ラムは高齢《こうれい》のため、目も見えず、耳も聞こえず、鼻もきかなくなっていた。また、犬種は頑《がん》固《こ》な性格といわれる柴犬《しばいぬ》であるうえ、年をとったことで気分屋にもなっていた。

そんなラムの世話をするうち、「目も耳も鼻も悪いのに、意外と人の区別はついているものだ」などと、シニア犬について理解を深めることができた。そして有紗にとってラムは、初めて自分が介護して、最期《さいご》は18歳6か月で看取《みと》った犬となった。

有紗「マッサージをするよ」

ラム「ウーッ」〈そこじゃないわよ〉

有紗「あ、わかりました。今日は顔じゃなくて首ですね」

ラム「ウ、ウーッ」〈今は気分じゃないわよ〉

有紗「ねぇラム、天気いいし、いっしょにひなたぼっこしよう」

ラム「………」〈いいですよ〉

ラムを抱《だ》き上げると、まぶしさに目を細めながら、陽射《ひざ》しがいっぱい降りそそぐ中庭へと出ていく。有紗はラムのことが大好きだった。

そしてもう一つ、ラムが教えてくれたことがある。シニア犬のかわいさだ。普通《ふつう》なら物悲しさを覚えてしまうような、おむつをはいたシニア犬の後ろ姿にも、有紗はいつしかキュンときてしまうようになっていた。

大好きなシニア犬の介護を実践《じっせん》し、勉強を重ねるうち、気がつけば院内の誰よりもシニア犬に詳《くわ》しくなっていた。ある時、診察室《しんさつ》から出てきた獣医師によばれた。

「今飼い主さんに、食事の介助《かいじょ》方法について聞かれたんだけど、答えられる?」

「わかった、お話を聞いてきます」

これ以降、獣医師の診察中に、シニア犬の飼い主から質問や悩みが出ると、「詳しい動物看護師がいるから話してみませんか?」と有紗が紹介され、相談にのることが増えていった。

ついに夢のシニア教室開催《かいさい》

有紗はいつしかこんな夢を描《えが》くようになっていた。

(子犬が好きな人は、子犬がいっぱいいるパピークラスが開けて幸せだよな。だったら私もシニア犬を集めたいな。シニア犬がいっぺんに見られて、最高じゃん)

ところがこの構想をまわりに話すと、「ありえない」とばかりに笑われてしまった。

最近でこそ、シニア犬との暮らし方をアドバイスするシニア教室をおこなう動物病院も増えてきたが、数年前はそうしたとりくみをしているところは少なく、業界内でもあまり知られていなかった。

有紗は結構本気でいっていたのだが、突飛《とっぴ》なアイデアだとあきれられてしまったため、

(そっか、できないんだ)

と、その時はあきらめてしまった。

だが、何年かたち、さらに多くのシニア犬やその飼い主と接するなかで、自分なりのノウハウが積み上がってきた。

(いや、やっぱりできるんじゃない？　今の私なら、できる気がする)

これまで飼い主の口からシニア犬の悩みが発せられれば、それを受けて、待合室などでアドバイスをおこなってきた。だが、何もいわない人のなかにも困っている人はかならずいるはずで、そうした人たちの力になりたいとの思いがあった。また、まだ何も困っていなくても、愛犬が年を重ねるなかで、シニア期についての情報を必要としている人は多いにちがいない。

教室という形で門戸を開けば、シニア期に関心のある人が、向こうから来てくれる。シニア犬と暮らすより多くの人に、手を差し伸《の》べられる教室を、どうしても実現したかった。

その日から教室の実現に向け、プログラムを練り始めた。ところがいざ準備が整うと、今さらながら不安になってきた。

（飼い主さんたちは、インターネットや本で調べたうえで、私に質問してくるだろう。それなのに、私も自分の体験ではなく、本などで学んだ知識で答えてしまっては、「そんなことはとっくに知っているのに」と失望を招くだけだ）

教室の開催が3か月後にせまったある日。有紗はスタッフミーティングで、こう宣言した。

「シニア犬がいたら、入院、往診《おうしん》、預かり問わず、全部私に担当させてください」

そこからは遠慮《えんりょ》なく、シニア犬はすべて有紗にまわされてきた。

同じ寝たきりでも、水は飲むコとまったく受けつけないコでは、必要な介護は異なる。寝返りを素直にさせてくれるコもいれば、どんなに寝返りを打たせても反対を向くのが好きで、足がすれて血が出るほどもがくコもいる。有紗はありとあらゆるタイプのシニア犬を経験していった。

ただでさえ老衰や認知症《にんちしょう》が進んでいたりと、目を離《はな》したすきに何が起こるかわからないのがシニア犬だ。それを多い時で5〜6頭、てんてこまいになりながら同時に面倒をみるのだから、的確にスピーディに世話をほどこしていかなければ命にかかわりかねない。

そこで有紗は、シニア犬専用のカルテを作成した。一頭ずつ、どの程度歩けるか、視力の有無、飼い主が困っていることなどを書きこみ、そこに自分がおこなった介護と看護を記入していく。すると、犬の状態に応じた必要な世話のパターンが浮《う》かび上がってきた。この時見つけだしたシニア犬の世話のノウハウは、病院のスタッフに共有され、現在に受け継《つ》がれている。

みずからに課した3か月間での経験をふまえて、有紗は教室のプログラムを練り直した。伝えたいことは山ほどあった。介護と看護の経験。飼い主から教わったアイデア。懸命《けんめい》に勉強した専門知識やマッサージ。それらをすべてつめこんだ、有紗ならではのプログラムが完成した。

初めてのシニア教室の開催日。犬と飼い主たちの前に、有紗は立った。

参加者はいずれも小型犬を連れた3組。犬たちは最年長の15歳を筆頭に、平均年齢が13歳を超《こ》えている。

プログラムの冒頭《ぼうとう》ではシニア犬についての基礎《きそ》知識をレクチャーした。

「7歳ごろ、大型犬では5～6歳ごろが、ワンちゃんのシニア期のスタートといわれています。目に見えなくても、細胞《さいぼう》レベルでかならず老化が始まっています」

多くの飼い主にとって、犬と暮らし始めて7年という月日はあっという間にちがいない。人間の感覚では「まだまだ若い」と思いがちだが、気づいた時には愛犬も、立派にシニアの仲間入りというわけだ。

次にスライドに映しだしたのが、シニア度チェックの項目《こうもく》。〔白髪《しらが》が生えた〕〔物にぶつかる〕等、シニア犬に見られる体や行動の変化を箇条書《かじょうが》きにしたもので、愛犬が該当《がいとう》するかどうか確認してもらう。

シニア犬とはどんなものかを把握《はあく》してもらったあとは、具体的な話へと入っていく流れだ。散歩、食事、住環境《じゅうかんきょう》などの面で、快適に生活するための注意点や、ケアの方法を解説する。

「目が悪くなったり認知症が進行したら、部屋に設置しているサークルにも注意です。こすれて目にケガをしたり、認知症になると後ろ向きに移動できなくなるので、格子《こうし》のあいだにのめりこみ、皮膚《ひふ》を傷つけてしまうことがあります」

これは病院での介護の際、ケージに目がこすれそうになりヒヤリとさせられた実体験にもとづく。有紗は犬のぬいぐるみを使い、格子の前で前後左右に動かしながら実演してみせた。

「サークルを緩衝材《かんしょうざい》のプチプチでおおうか、通気性のよい、赤ちゃん用のガーゼタオルとかをかけてしまうのも手ですね」

シニアになってもできる、足腰《あしこし》や脳を鍛《きた》えるトレーニングもいくつか紹介した。

タオルを半分に折りたたみ、そのあいだにドッグフードを一粒隠《つぶかく》してみせる。参加していた犬のなかから1頭に協力してもらい、フードを探してもらうと、見事に見つけ出し、パクッとおいしそうに食べた。ほほえましい光景に接し、ついさっきまで知らない者同士だった参加者のあいだにあたたかな笑いが生まれる。犬の介護では、精神的、肉体的に追いつめられ、鬱《うつ》状態になってしまう人も少なくない。だからこそ明るい空気で教室をつつみ、「シニア犬との暮らしって楽しいんだ」と感じてもらうことは、有紗がこの教室でめざすところだ。

プログラムの最後は、家でできるマッサージを学ぶ実技タイムへと突入《とつにゅう》した。愛犬といっしょにとりくめるとあって、みんなの期待も高いようだ。

体の凝《こ》りも見つけられる技では、

「凝っている場所は、犬が教えてくれます」

そういって、犬の背中を軽くつまむ。そして、シャクトリムシがはうような手の動きで首から腰に向かって下りていくと、ある地点で犬が「そこっ!」とでもいうようにふり向いた。

「ここです。このコは左半身のほうが凝っています」

普段から左半身に力が入っているのだ。愛犬の体の使い方の癖《くせ》を初めて知った飼い主は、「ほおーっ」と感心した様子。

プログラム終了《しゅうりょう》後は質問コーナーへ。有紗は一人ひとりの悩みに、丁寧《ていねい》に答えていった。

記念すべき1回目のシニア教室はこうして無事終わった。参加者アンケートでも、評価は上々だった。

自己紹介コーナーは情報の宝庫

だが、月1回のペースでシニア教室の回を重ねるうち、言葉にしがたい違和感《いわかん》を覚えるようになる。相変わらず参加者からの反応は悪くないのだが、有紗ひとりが手応えを感じられないような気がしてならなかった。

同様のちぐはぐな空気を、普段獣医師に頼まれるとおこなっている、個別のシニア犬の悩み相談でも感じるようになっていた。

よく聞く悩みに、「足腰の筋力が衰《おとろ》えて、自力で立てなくなってきた」というものがある。「介護用ハーネスを使えば、犬が立ったり歩くのを助けられるので、試してみてはいかがでしょう」

そうやって勧《すす》めたはずなのに、次に病院でバッタリ会うと、気まずそうに目をそらされる。犬は相変わらず、腕《うで》に抱っこされたままだ。

(時間をとってアドバイスしているのに、なぜ解決に導けないんだろう)

これまで交流のあったシニア犬の飼い主や、介護を実践してきたラムとの経験をふり返って考えるうち、思いあたることがあった。

相談を受けると、まずは介護の本に紹介されているような、ベーシックなやり方を紹介することになる。しかしながら、実際にはひとつのテクニックで万事うまくいくことはめったにないものだ。仮に市販《しはん》のハーネスの利用が、教科書的にはベストの解決法だったとしても、「サイズが合わない」「犬が装着をいやがる」「すれて皮膚を傷つけてしまうのが怖《こわ》い」「共働きなので、犬の歩行介助につきあう時間が捻出《ねんしゅつ》できない」「夫に『道具を使って無理やり立たせるなんてかわいそう』と非難されてしまった」――など、その犬や家庭ならではの事情がある。

また、「立てなくなってきた」といわれた時点では、食欲が落ちた、性格が変わったなど、他の老化現象にもすでに直面していることも多い。

このように、シニア犬にまつわる問題は奥《おく》が深く、飼い主がポツリとこぼした悩みは氷山の一角にすぎない。だから、表面に出てきた質問にだけ答えても意味がなかったのだ。

そして、解決しない理由のナンバーワンは、「飼い主が実行しない」だ。

ある時、以前相談にのった飼い主に会った有紗は、思いきって、「ハーネス、試してみました?」とたずねてみた。すると飼い主は平然とこう答えた。

「ああ、この前のアドバイスね。このコに本当に必要になったらやろうと思って」

有紗はほとんど唖然《あぜん》とした。現実に、今犬を抱っこしていて、対策が必要なことは傍目《はため》にも明らかなのだ。そうやって一日、また一日と、自力で歩かせる機会を先送りするうちに、筋力はさらに衰えて、どんどん歩けなくなってしまうというのに。

ここには、愛犬がシニアになったということへの、複雑で傷つきやすい心理がある。ときに手を焼くほど活発で、瞳《ひとみ》は澄《す》んで被毛《ひもう》も輝《かがや》き、まるでみずみずしい生命力の化身《けしん》のようだった愛犬が、今まさに静かに老いていこうとしている。その現実を認めるのは、少なからぬ飼い主にとってたやすいことではない。もちろん、その先の「死」にたいするおびえもある。

そんな人にとって介護用品を使うということは、いよいよ愛犬の介護がスタートするという動かしがたい事実を、誰の目にも明らかな形で突《つ》きつけられることにほかならなかった。

(要するに、私のアドバイスは、心に響《ひび》いていなかったのだ)

有紗はようやく気づいた。

よく考えてみれば、獣医師に紹介された見ず知らずの動物看護師が突然《とつぜん》出てきて、「相談にのりますよ」といったところで、心を開いてもらえなくて何ら不思議はない。

有紗としては、最初に伝えた方法がうまくいかなくても、またたずねてさえもらえれば、次の一手を教えられる。それだけの引き出しはあるつもりだ。また、仮に教えたことがうまくいっても、日一日と老化が進むシニア犬では、一度通用したテクニックが次はもう使えない、ということもよくある。新しい困りごとは次々現れてくるのだ。

（問題解決のためには、「この人と話すのは楽しいから、いいことも辛《つら》いことも話したくなる」「獣医師の先生にも、夫にもいえない悩みも、この人なら聞いてくれる」と、何度でも相談してもらえるような関係性をつくり上げるところから始めなければならない）

以来、有紗はシニア教室の方向性を変更《へんこう》した。

それまでシニア教室は、有紗にとって「教える会」だった。それをガラリと変えて、「飼い主と話し、信頼《しんらい》関係を築くきっかけの場」と、自分のなかで位置づけ直したのだ。

とはいえ、プログラムの内容を変えたわけではない。変更点は一点。これまで短時間であっさりと終わらせていた参加者の自己紹介タイムに、たっぷりと時間をさくようにした。

愛犬の紹介や、今日の抱負《ほうふ》などについて、けっしてせかさず、気のすむまで何分でもしゃべってもらうこの自己紹介、じつは有紗にとって、有益な情報の宝庫だ。

おだやかな気持ちで老いを受け入れ、淡々《たんたん》と状況を語る人もいるが、少数派だ。

「年をとってしまって、目が見えなくなり、遊ばなくなりました。得意だったボールのトッテコイも、できなくなってしまって」

ポロポロと泣き始める人がいる。「あとどれぐらい、このコといっしょにいられるんだろう」と悲観し、喪失感《そうしつかん》にすでにとらわれているようだ。かかえてきた悲しみが、言葉にすることで堰《せき》を切ってあふれだす。

そうかと思えば対照的に、カラリと明るい人もいる。

「うちのコはまだまだ元気で、シニアなんていえないんですけどね」

そういいつつも、わざわざ教室に来ているのだから、老いの気配に気づいてはいるのだ。なのに、「まだシニアじゃない」と目をそむけようとするところに、有紗はあやうさを感じとる。

このタイプの人は、年をとったと認められないまま介護に突入することで、現実を受けとめきれず絶望してしまったり、いざ本当に介護が必要になった時に何の心の準備もできておらず、看取ってから、「もっと早くからああしてあげればよかった」と後悔《こうかい》が残りがちだ。その結果、ペットを失って悲しむ、ペットロスとよばれる状態が長引くこともある。

自己紹介を通して有紗はその人の、愛犬の老いにたいするスタンスを見極める。シニア期について、現在どうとらえているのかを知ることで、その後の支え方に生かしていく。

飼い主の口から、愛犬の名前も紹介してもらう。教室のテーマとは何ら関係ないように思えるが、じつは飼い主家族と犬について理解するための重要なヒントが隠されている。

ロマンチックだったり、凝った名前なら、その犬は飼い主にとって分身、あるいはそれ以上なのかもしれない。ペットなのか、相棒なのか、わが子同然なのか。名前を聞くだけでも、犬がその家族にとってどんな存在なのか、何となくわかることもあるものだ。

「アロハとマハロです」

と、ハワイ語のあいさつから名前を拝借しているなら、ハワイの話題でコミュニケーションを深められそうだ。

名前の由来がわからなければたずねてみる。すると、もう一段深い情報を聞けることがある。

「私はもっと素朴《そぼく》な名前でよかったんだけど、同居している母が、どうしてもこの名前にしたいって」

といわれれば、母親の溺愛《できあい》ぶりが感じとれる。

シニア教室に参加している人が、その犬について決定権を持っているとは限らない。家族が複数人いれば、面倒をみる人、犬を一番愛している人、犬がいうことを聞く人がみな違うというのもよくあることだ。

介護を誰が「やるぞ」とゴーサインを出し、日々誰が実践するのか。このあたりを自己紹介のなかで懸命に読みとっておかないと、参加者本人だけを念頭においてアドバイスしても、実現されないはめになりかねない。

「とにかくお外が大好きなコで、散歩は主人のウォーキングを兼《か》ねています」

というなら、夫も飼育に積極的なのだろう。ならば介護も前向きにとりくんでもらえそうだ。

自己紹介タイムでえた情報は、その後に続くプログラムにも織りこみながら進行する。

例えば、老化のサインの一つである「歩き方が変わった」という項目を説明する際に、「お父さんからウォーキング中に、何か変わったことがあるとの報告はないですか?」など、さり気なく話を広げてみるのだ。一軒《けん》ずつ家庭訪問はできなくとも、教室のプログラムを通してシニア犬とその家族を知り、会話を重ねることで、飼い主と心の距離も縮めていくことができる。

シニア教室を、参加者との会話を大切にするやり方に変えてからは、その成果が「飼い主の変化」という形ではっきりと現れてきた。

参加者が、犬の持病の診療などのため来院すると、有紗はどんなに忙《いそが》しくてもかならず顔を出すようにしていた。すると、

「三橋さん、お久しぶりです」

と、全員がニッコリあいさつしてくれるのだ。

「教えてもらった方法を試したら、すごくよかったの」

と、家で撮影《さつえい》した動画を見せて報告するためだけに、わざわざ来てくれる人もいる。

（以前、飼い主さんが、私と目を合わさないようにしていた時とは大違いだ）


シニア教室に参加した、立つのが難しくなってきたオスのヨークシャー・テリア。名前はハッピー。有紗は飼い主と仲良くなり、その後も継続《けいぞく》してあれこれ相談にのった。

「強度や安全性を考えれば、市販のハーネスはしっかりつくられていますが、小型犬ならタオルでも手づくりできます。お金もかからないですし、まずはそちらで試してみては？」

はじめにこう提案した。

ただし、ヨークシャー・テリアのような小型犬は加齢《かれい》で肩《かた》関節がゆるくなり、四肢《しし》が外側に向かってズルズルと開いていってしまうことが多い。すると、単純におなかにタオルを通して持ち上げるだけでは四肢が開くのを止められず、犬にとって安定性を欠いた姿勢となる。また、そこまで肩関節が弱っている場合、首の筋力も衰え首の位置が下がってくることから、前転のような形で転んでしまうことも有紗は経験上知っていた。

「ハッピーちゃんの場合は、タオルに４つ穴を開けて、足を通して固定したほうが、足がすべらないですし、肩も支えられるのでひっくり返るのを防げます」

さらに有紗は、飼い主がタオルを手に持ってつらなくても、立ち姿勢がキープできるようにできないか考えた。自力では立てなくても、犬は本能的に立って歩きたいと思う生き物だ。道具を利用し、体に負担をかけずに立たせてあげることは、犬にとってよいストレス解消になる。

「物干し竿《ざお》を部屋の中に設置できるかなあ？　タオルに紐《ひも》をぬいつけて、S字フックでつるのはどうだろう」

室内の様子についても聞きながら、２人で膝《ひざ》を突き合わせてアイデアを出し合った。

ある日、受付によばれた有紗が待合室に出ていくと、ハッピーの飼い主が立っていた。

「見て」

差し出されたスマートフォンに映し出されていたのは、タオルのハーネスで力強く立ち、生き生きとした表情のハッピーの写真。

「やったね」

いっしょに喜びをはじけさせた。

それまで待合室の片隅《かたすみ》などでおこなっていたシニア犬の悩み相談も、いつしか病院公認の、本格的なカウンセリングへと発展していた。診察中に獣医師が、飼い主からシニア犬のことで話しかけられたとき、漠然とした不安なら、「シニア教室があるから参加されてはどうですか？」と声をかける。一方、すでに介護に突入し、現実的な悩みをかかえている場合には、カウンセリングを勧めるという流れができあがっていた。

カウンセリングでも教室の自己紹介同様、何十分でも話をじっくりと聞くことから始めるようにした。

やがて相手がフッと一息ついたタイミングを見計らい、こう提案する。

「どういう形でこのコの最期を迎《むか》えたいか。それまでどういう日々をいっしょにすごしたいのか。今、目の前にある悩み事について考える前に、まずそれを決めませんか?」

カウンセリングで向き合うケースでは、すでに介護が本格化し、犬の命の期限もさしせまっていることが多い。どんなにがんばっても、時計の針が逆もどりして犬が若返るわけではないのに、まじめな人ほど「あれもこれもやってあげなければ」と思いこむ。その結果、疲労困憊《ひろうこんぱい》し、「何もできていない」と完璧《かんぺき》でない自分を責めて、鬱状態におちいってしまう。

有紗が、「どういう日々をすごしたいのか」と、最初に目標を決めてもらうのはそのためだ。「散歩が好きなコだから、一日でも長く歩かせてあげたい」なら、積極的なリハビリや、場合によっては車椅子の使用を検討するのもいいかもしれない。「持病があるから、少しでも痛みがないようにすごさせたい」なら、快適な寝床《ねどこ》づくりに心をくだくべきだろう。

大切なのは、「してあげたいこと」や「愛犬が望んでいるだろうこと」を、飼い主に明確にしてもらうこと。それを実践することで達成感がえられるし、愛犬が亡くなった後も、「あのコの好きなことをしてあげられた」と思えれば、ペットロスの期間も短くなるはずだ。

(私がしているのは、シニア犬のケアではなく、飼い主さんのメンタルケア。飼い主さんが心の整理をして、「このコかわいいな」って毎日思いながら、無理のない範囲《はんい》でその人にとっての最善のお世話ができるよう、お手伝いすること）
有紗はいつしか、そう思うようになっていた。

柴犬、みらいとの日々始まる

有紗が働き始める前から、病院に通ってきていたメスの柴犬がいた。名前はみらい。若いころは感染症《かんせんしょう》予防のためのワクチン接種で、年に一度の来院だったが、年をとってからは大病や入院もし、最近では毎月、体調チェックのために受診《じゅしん》していた。みらいのことは、仲良し三姉妹が、それぞれ仕事や子育てをしながら、協力体制で面倒をみているようだった。

ある日、ふと外を見ると、いつもは待合室で診察の順番を待つはずのみらいが、入口のドアの外にいた。ジッと目を凝らすと、みらいは同じ場所をクルクルとまわっていた。認知症の犬に見られる、旋回《せんかい》運動とよばれる行動だ。三姉妹はかわり合って、リードをさばきながら、みらいの旋回につきあっていた。

気になった有紗は、ある時みらい担当の獣医師に、
「家でもあれにつきあっているのかな？」
とたずねてみた。すると、

「何かうまいことやっているみたいよ」

と、特に相談はされていないようだった。

(じゃあ、困っているわけでもないのかな)

当時、有紗はまだシニア犬について勉強中で、今ほど詳しくはなかった。旋回運動は、認知症を改善するサプリメントで症状《しょうじょう》が軽減することもあるが、根本的な解決は難しい。自分から声をかけておきながら、結局は解決できないとなれば、かえって迷惑《めいわく》をかけてしまうのではないか。そんな思いから、みらいのことは気になりながら、しばらく様子を見る日々が続いた。

ある時、3人の都合がつかなかったのか、みらいをペットホテルで半日預かってほしいとの依頼《いらい》が入った。

「こんなにフラフラしたコ、どうやって面倒みればいいの?」

他の動物看護師が持てあまし、有紗に声がかかった。

半日面倒をみてみると、食欲があるのはすばらしかったが、やはり旋回したり、立ちたくてもがいて転んだりと、危なっかしくて目が離せない。

(これは大変だ。いったい家で、どうしているんだ)

迎えにきた姉妹の一人に、みらいを返す際、有紗はついに声をかけた。

「お家ではどうやって、対応されているんですか?」

「みらいが動き出すと、リードをつけて歩かせて、夜な夜なつきあっています。家族交替《こうたい》で」

「それ、しんどくないですか？」

思わずたずねると、

「いやあ、しんどいですよ。もう、ときどき夜中泣いてます」

と、言葉とは裏腹に明るくいうのだった。

（だよなぁ。でも、食欲もあるし、何かもうちょっと可能性が、このコにあるんじゃないかな……）


次にみらいを預かった時には、歩行が少し困難になってきており、そのため旋回運動はしなくなっていた。

（でも、あれだけ歩きたがるコで、それにあれだけつきあってきた飼い主さんたちだから、このコが歩ける方法があるっていったら、きっと喜んでもらえるんじゃないかなあ）

有紗は病院のリハビリテーション科でも、シニア犬のリハビリを担当していた。

そこで、おせっかいかもしれないと思いつつ、獣医師に相談のうえリハビリルームに連れていき、歩行器に乗せてみると、みらいはとても上手に歩いた。

その様子を動画に収め、迎えに来た姉妹に見せたところ、目を丸くして感動している。有紗は思いきって提案してみた。

「今回のようにお預かりで、みらいちゃんだけ毎回歩行器に乗せてあげる時間をつくることは正直、難しいんです。獣医師の先生にも話してみたのですが、もしよかったら、費用はかかりますが、月に数回でもよいので当院のリハビリテーションに通ってみませんか？　リハビリで体の状態を少しでもキープして、一日でも長く歩けるようにしてあげることは、歩くのが好きなみらいちゃんにとって、いいことだと思うんです」

「そんなことができるんですか。ぜひお願いします」

ここから有紗とみらいとの日々が始まった。


シニア犬の場合、リハビリメニューのメインはストレッチとマッサージだ。動きにくくなった関節や、皮膚や筋肉のこわばりをほぐす。犬によるが可能であれば、筋力トレーニングもおこなう。さらには飼い主とリハビリで会うたび、相談にのったり、リハビリ中に有紗が気づいたことを伝えるカウンセリングの機会にもなっていた。

三姉妹はこれまで用事がある時などに、ペットホテルを利用してみらいを病院に預けていたが、セットでリハビリを予約するようになった。

リハビリは一頭ずつ個別におこなうが、みらいの場合は他の犬がいると気持ちにハリが出ることから、有紗は同じ日の予約で来ている別のシニア犬に、そばについてもらうようにした。みらいが歩行器に乗ったり、他の犬とペアですごしている写真や動画を撮影して姉妹に見せると、こんな言葉が返ってきた。

「こんなことしてるんですね。どうりで、家に帰ったらニヤニヤしてると思った」

歩行能力が衰えてから、みらいからは表情が、一切消えてしまっていたのだという。ところが最近は、「病院に行くよ」と声をかけるとうれしそうな顔になり、帰ってきてからも、普段とは明らかに違って楽しそうにしている。

旋回運動同様、やはり認知症の症状のひとつである夜鳴きもするようになっていたが、リハビリの日は、夜グッスリ寝てくれるので助かるのだとも姉妹はいった。

みらいが来院すると、有紗は待合室へ迎えにいった。

「みらいちゃん来たのー。オハヨー」

そんな有紗の声を聞くと、しっぽがピュッと上がっていたというのは、あとで知ったことだ。

リハビリにまめに通うことは、飼い主の精神状態にも、よい作用をもたらした。

これまではみらいの老化が進み、何か問題が発生してから手探り状態で対応してきたが、今ではリハビリでみらいに密に接している有紗が、次に起きるかもしれない問題に気づき、先まわりして対策を指導できるようになったのだ。

加齢で首の関節が変形し、首が傾《かたむ》いているみらいは、首の片側が床とすれてしまう。有紗は体にふれながら、全身チェックもしており、首の皮膚が赤みをおびてきているのを発見した。

「床ずれができる恐《おそ》れがあるので、小ぶりのクッションを首の下に入れて床に接触《せっしょく》させないようにして。首まわりをたっぷりマッサージして、血流をよくしてあげてください」

　こうした必須の対策に加え、フェイスマッサージなどのみらいが喜ぶケアも教えた。なかでもみらいのお気に入りは蒸しタオルを使ったケアだ。ぬらしてから電子レンジで温めたタオルで、顔をすっぽりつつんでやると、よほど心地《ここち》良いのだろう、タオルからわずかにはみ出た鼻先だけで、ニヤニヤと上機嫌《じょうきげん》なのがわかった。その写真を見た姉妹は、

「わ〜、かわいい。家でもやってみます」

と、さっそく自宅でもとり入れ始めた。

　有紗がかかわったからといって、もちろん介護の苦労がゼロになるわけではなく、みらいの夜鳴きで深夜、起こされることもたびたびだという。

　だが、リハビリや蒸しタオルのケアでの、みらいの楽しそうな姿を見ているうちに、余裕《よゆう》が出てきたのだろう。

「夜中さわがれても、『やい、そんなに歩きたいか』なんていいながらなだめています」

と笑う。かつて「泣きながらつきあっている」と打ち明けた深刻さはもはやなく、むしろ手のかかるシニア犬の世話を楽しんでいるふうでもある。

　待合室に居合わせた人が、首が大きく曲がったみらいに視線を向けてゆく。飼い主であっても、白髪も増え、若いころとは別人のように変わった愛犬の容姿を、なかなか受け入れられな

い人もいる。そこには、「シニア犬との暮らしを楽しむ」といった発想はない。

だが、心にゆとりができ、シニア犬との生活を前向きにとらえられるようになった時、目の前にいる愛犬も、若いころと何ら変わらぬいとおしい存在だと思い出せるのではないか。

三姉妹はみらいのことを、「本当にかわいくてしょうがない」と、手放しで愛を表現する。姉妹らには子どもがいたが、そんな親の姿を見ているからだろう。やはり、「かわいい。ずっといっしょにいたい」と、みんなみらいが大好きだ。


病院で預かる際は毎回飼い主に、預かる際のルールや確認事項《じこう》などが書かれた同意書にサインをしてもらう。同意書のなかには、「もし預かり中に体調が急変したら緊急処置をしますか？」との項目があり、三姉妹はいつも、「ハイ」を意味するチェックマークを入れていた。みらいはいつしか22歳という超《ちょう》高齢になっていた。

有紗はこの件で、みらいの変化を見てきた自分だからこそ、処置についてもう一度検討してもらう場を持ちたいと思っていると獣医師に申し出た。普段は姉妹と待合室で話していたが、ある日、獣医師も同席する診察室へと招き入れた。そして注意深く口を開いた。

「リハビリ中の処置についてですが、そろそろ一度考えなければならない時期に来ていると思うんです。

もし呼吸がとまったら、酸素吸入のため口から肺にチューブを入れることも、首が曲がっている今のみらいちゃんでは難しいですし、心臓マッサージをすれば、加齢でもろくなったあばら骨が折れてしまうかもしれません。仮に蘇生《そせい》できても、この年齢で積極的な治療をするのは体に大きな負担となり、みらいちゃんにとって苦痛《くつう》かもしれませんし、健康をとりもどせるとも正直、考えにくいです。

22歳のみらいちゃんの呼吸が、お預かり中に突然とまることは十分考えられます。それが今日起きてもおかしくないと思います。もしそうなったら、処置をしたほうがよいかどうか、改めてどうお考えですか？」

いいづらくはあったが、今、話し合っておかなければ飼い主を後悔させるかもしれない。これまで築いた信頼関係が、有紗の背中を押《お》した。

説明をジッと聞いていた姉妹は、よく考えたすえ、

「今後はこの項目にチェックは入れません。もし呼吸がとまったら、救命処置はしなくてよいです」

との結論を出した。

さらに時が進み、みらいはついに歩行器を使っても歩けなくなった。だが、運動はできなくても、相変わらずマッサージとストレッチのためにリハビリに通ってきた。有紗は今度は看取りについて、こう切り出した。

「飼い主さんのいない病院で亡くなるのは避《さ》けたい、とのことであれば、リハビリも日数を減らしたほうがよいかもしれません。お預かり中にその時が来る確率が上がってしまいますから。どういう最期をめざしたいか、先延ばしにせず、今日考えませんか」

するとこんな答えが返ってきた。

「リハビリがこのコにとって、とても楽しい時間になっているから続けてあげたいし、その結果、私たちのいないところで亡くなってもしょうがないと思っています。いつ亡くなっても後悔ないですし、『よくがんばったじゃん』って、みらいにいってあげられると思います」

みらいの老化が一歩進むたび、有紗は近づいてくる最期の時にそなえて、三姉妹の心の整理をサポートしていった。


リハビリ開始から4か月半たったころ。いつもどおりリハビリを終えて帰る際、有紗はみらいに声をかけた。

「みらいちゃん、またね」

その2日後、受付によばれて待合室に出ていくと、めずらしく三姉妹が勢ぞろいで立っていた。ただひとり、みらいの姿がなかった。

「あれっ、みらいちゃんは……!」

22歳1か月の大往生《だいおうじょう》だった。そしてここからは三姉妹に聞いた話。

すでに老衰していたみらいだったが、ついにジッとして動かなくなった。

いよいよ呼吸がとまりそうになった時。みらいを抱いて見守っていた姉妹が顔をのぞきこもうとするが、みらいの首が傾いていて表情が見えない。そこで幼い娘にたずねた。

「ねえ、みらい、どんな顔してる？」

すると女の子はこう答えた。

「えー、ニコニコしてるよー」


みらいはその日の朝ごはんも食べ、笑いながら、いっさい苦しむことなく旅立ったという。

(犬と長年すごしてきたのは飼い主さんなのだから、私がいっしょに泣いてはいけない。今は飼い主さんを泣かせてあげる番だ)

かかわってきたシニア犬との別れでは、いつも自分にそういい聞かせる有紗だけれど、こんな時はやっぱり泣いてしまう。でも、さびしくはあっても、悲しみの涙《なみだ》ではない。

「いろいろあって、でも楽しかったよね」

飼い主とともに笑い泣き。涙とともに、これまでの思い出があふれてくるような。有紗にとっては、いい看取りを迎える手伝いができた達成感の涙かもしれなかった。

うちのコ自慢《じまん》に花が咲《さ》くシニア交流会

ザワザワザワ……。窓が大きく取られた開放感あふれる一角。テーブルの上におかれたオードブルをかこみ、話に花を咲かせる人々。幸せムードにつつまれたこの部屋は、結婚披露宴《けっこんひろうえん》の会場、ではなく病院の待合室だ。

ここにいるのはおもに、シニア教室の卒業生たち。シニア犬のことを何も知らなかったころ、介護のノウハウを教えてくれて、その後、最期までつきあいのあった飼い主たちの姿もある。その当時のシニア犬を連れている人もいるが、3分の1以上はすでに亡くなっており、別の犬や、新しく飼ったコをともなう姿も見られる。なかには他界した愛犬そっくりの、手づくりのぬいぐるみを持参する人もいた。犬が亡くなると、病院に来る機会は途絶《とだ》えてしまう。

「三橋さんや、獣医師の先生に会いたいなあ」

ブログのコメントなどで、そんなふうにいってくれる人も多い。何より有紗自身、密な時間をすごした飼い主たちと、また会いたくてしょうがないのだった。

(亡くなった犬の飼い主さんもよべる会をしよう)

と考案したのが、このシニア交流会《パーティー》という名前の同窓会だ。

開催には、一抹の不安がなかったわけではない。

（犬を亡くした人も、こんな会に誘《さそ》って大丈夫だろうか。みんなでワイワイだなんて、非常識と思われないかな）

初めて電話する際は胸がドキドキした。

「亡くなったコのことも思い出して、みんなで笑顔になる時間をつくりたいので、ぜひ遊びに来ませんか？」

緊張《きんちょう》しながら告げると、突然の誘いに戸惑《とまど》いながらも、教室の卒業生全員が「行きます」と即答《そくとう》してくれた。そうなれば、はりきらずにはいられないのが有紗の性格だ。「やっぱりうちの子が世界一　うちの子自慢」と題した企画を考え、飼い主から事前に、愛犬の印象的なエピソードと写真を送ってもらった。それを寝る間も惜《お》しんでスライドに仕立て、紙にも印刷《いんさつ》すると、みやげ用の文集も完成させた。

スライドを映しながら、笑いあり涙ありのエピソードを読み上げる。そのたびに参加者たちも、爆笑《ばくしょう》したり、もらい泣きしたりと大盛り上がりだ。ここにいるのは、シニア犬との悲喜こもごもを体験した同志たち。だから自然と感情を分かち合えるのだ。

大切な思い出を持ち寄り、たくさんの人たちが集まってくれたこと。晴れやかな顔を見せてくれたこと。それらは有紗がしてきたことを物語っていた。

「記念撮影をしましょう」

たくさんの笑った顔が並んだ写真の一番はしっこで、有紗もほほえんだ。

Story3

瀬戸際《せとぎわ》の命を救いたい

夜間救急という特殊《とくしゅ》な現場

重油を飲み命を落とした犬や猫《ねこ》たち

美しいリアス式海岸にふちどられ、海の幸に恵《めぐ》まれた湾に面する宮城県のとある港町。自転車で坂をぐるりとめぐってたどりつくところに、小松倫衣《こまつのりえ》の働く動物病院はあった。倫衣の人生は、あの日を境に一変した。２０１１年3月11日、未曽有《みぞう》の被害《ひがい》をもたらした東日本大震災《しんさい》が容赦《ようしゃ》なく襲《おそ》いかかった——。

動物病院は海からほど近いものの、高台という立地が幸いし、目立った被害はなかった。だが海から1キロメートル足らず、海に注ぐ川からは２００メートルと離《はな》れていない倫衣の家は津波で全壊《ぜんかい》。追い討《う》ちをかけるかのように、市街地で発生した火事が燃え移り全焼してしまった。倫衣はあまり人前で感情をあらわにするタイプではなかったが、家を失ったこの時ばかりは、人目もはばからず号泣した。

倫衣の両親も倫衣同様、震災発生時はそれぞれの職場におり、津波はまぬがれ無事だった。住む家を失った一家は、避難所《ひなんじょ》として開放されたお寺で生活をスタートさせた。

震災から1週間ほどして、病院は診療《しんりょう》を再開した。出勤すると、深刻な表情でやってくる人がいる。

「愛犬が行方不明なんです。おそらく津波に流されてしまったと思うのですが。もし情報が入ったら連絡《れんらく》もらえませんか」

「ここなら何かわかるかも」と、藁《わら》にもすがる思いで足を運ぶ飼い主たち。だが、報道される死者の数が連日ふくれ上がっている惨状《さんじょう》下では、希望を持てる言葉が返せるはずもなかった。

倫衣がいなかった日には、こんなこともあった。全身がベッタリと重油にまみれた猫が運ばれてきたのだ。猫を連れてきた人は、こう状況を説明した。

「鳴き声がするので見ると、重油で身動きがとれなくなっている猫がいたので、近くにいた自衛隊員にお願いして助けてもらいました」

あの日、港に設置されていた重油タンクが津波でこわされた。それをかぶったのだろう。重油は口から体内にも入ってきており、何もできないまま病院で息を引きとった。

(せっかく津波を生き延びたのに、重油で命を落としてしまうなんて)

重油を飲んで亡くなった犬や猫は、他にもかなりの数いるようだった。

両親は助かったが、いまだ行方のわからない家族がいた。黒い縞《しま》模様の入った灰色と、白い毛から成る、サバ白とよばれる柄《がら》のオス猫だ。

もともとは野良猫だったが、いつのころからか倫衣の家のまわりをウロチョロし始めた。

「おいで」

よんでみると、当たり前のような顔をしてやってきたため、家で飼うことになった。倫衣がちょうど動物病院に就職した年のことだった。原作は漫画《まんが》で、テレビアニメにもなった『いなかっぺ大将』に登場する猫のキャラクターから母親の早織《さおり》が名前をとり、「先生」と名づけた。

先生は倫衣にとって初めて飼う猫だった。よんだら来ただけあって、とても懐《なつ》っこい性格で、仕事の疲《つか》れも癒《い》やしてくれる。しっぽをふんでしまっても、「ニャッ」と発するものの怒《おこ》りもしない、賢《かしこ》くおとなしいコだった。


倫衣と早織は、たびたび自宅があった場所を訪れた。先生を見つけるため、また、まだ使える物がもし残されていれば、持ち帰るためだった。

（どこかで生きていたらいいなぁ。こうして探しているうちに、ピョッと出てこないかな）

期待とあきらめが交差する日々をすごした。

震災の3週間後。この日も倫衣は早織と自宅跡《あと》にいた。瓦礫《がれき》を撤去《てっきょ》し遺体を探すためなのか、前日にショベルカーでの作業がおこなわれていたことから、その日来てみると、すでにのっぺりとした平らな地面が広がっていた。

足元をのぞきこむようにしていた早織が、突然《とつぜん》驚《おどろ》いた声を上げた。

駆《か》け寄ると、そこには倫衣宅の床下《ゆかした》につくられた、掘《ほ》りごたつの枠《わく》組みがあった。瓦礫がなくなったことで、ようやく姿を現したのだ。枠の中には、まるで暖をとっているかのような先生のなきがらがあった。

それを見た瞬間《しゅんかん》、

(やっぱり死んじゃったんだー)

倫衣は泣きくずれた。やっとの思いで体を持ち上げると、指先がめりこむ感触《かんしょく》があった。腐敗《ふはい》が進んでいるのだ。もはやゆっくり別れを惜《お》しんでいるひまはなかった。

震災前からこの町では、自治体のごみ焼却施設《しょうきゃくしせつ》内でペットの火葬《かそう》をおこなっていた。倫衣はその日のうちに車で焼却施設に行き、「ごめんね」と謝りながら、遺体を荼毘《だび》に付《ふ》した。


震災が発生して1か月。倫衣たちスタッフは院長からこう告げられた。

「今後、この町もうちの病院もどうなるのか、見通しが立たない。それを理解してもらったうえで、残ってもらってもかまわないし、辞めてもかまわない」

だが倫衣は、院長の言葉を待つまでもなく、辞めると決めていた。

無力感。理由を一言でいえばそれだった。

(昨日まで元気だったコが、震災で簡単に亡くなってしまった。結局亡くなってしまうのに、

治療《ちりょう》することに意味があるのかな。命って何なのか）

さらにはこうも思い悩《なや》んだ。

（たくさんの犬や猫が死んだ。自分の猫も死んでしまった。命を救う仕事だと思ってこれまでやってきたけれど、動物看護師なんて何もできないじゃないか）

むなしさが心を厚くおおっていた。動物が好きで、中学2年生で「動物看護師になる」と決めてから、その通り生きてきた倫衣だったが、もう二度と、この仕事をするつもりはなかった。

夜間救急の動物看護師さん、募集《ぼしゅう》します

お寺の避難所に2か月間身を寄せたのち、倫衣一家は、賃貸アパートの一室に引っ越《こ》した。震災直後は100人近くもの人でふくれ上がった避難所にくらべれば快適とはいえ、1Kの単身者用アパートは、大人3人が暮らすにはせまい。

（ここを出て、働いて、両親に仕送りしよう）

従妹《いとこ》を頼《たよ》って宮城県をはなれ、居候《いそうろう》させてもらいながら、家賃の安いアパートを見つけてひとり暮らしをスタートさせた。生活費をかせぐため、手あたり次第にアルバイトをした。将来に何の目標も持てない日々が続いた。

以前から少し気になっていたのが、従妹が従事していた介護《かいご》の仕事だ。高齢者《こうれいしゃ》や障害者をサ

ポートする業務は、たずさわってきた動物看護師のそれと通じるものがあるようにも思える。ならば、これまでの経験が生かせるのではないか。

（介護も看護も似たようなもの。相手が人か動物の違《ちが》いじゃないかな）

そう解釈《かいしゃく》すると、貯金を使ってスクールに入学。1か月間通学して、ホームヘルパー2級（現在の介護職員初任者研修）の資格を取得することにした。

資格取得には、実際の現場での実習が義務づけられていた。倫衣は実習先の病院で、高齢者の介護にたずさわった。

ここにいる人たちは、支えを必要とする存在だ。体に苦痛《くつう》を感じていたり、満たされない気持ちの人もいるだろう。だがそれでも倫衣の目には、健康保険などの社会保障も充実《じゅうじつ》し、人としての尊厳《そんげん》を守られ、手厚くケアを受けられる環境はまぶしく映った。

ひるがえって浮《う》かぶのは、動物病院に連れてこられる動物たちのことだ。

病気で食べられなくなり、飢餓《きが》状態でたおれて運ばれてくる猫。傷口に大量の蛆《うじ》がたかった犬。

（なぜこうなるまで放っておいたの？　あなたは本当に飼い主なの）

もちろんこれほどひどい例は少数派だが、介護実習の現場で改めて感じたのは、飼い主の一存で、命の重さすら変えられてしまう動物たちの現実だった。そのことは倫衣の心を揺《ゆ》さぶり、自問させた。

（私がやるべきは介護の仕事なのかな？　いや違う。私が手を差し伸《の》べたいのは、時として十分に目をかけてもらえない、人より弱い立場の動物たちだ。そうだ、私、もう一度動物看護師の仕事がしたい）

遠回りをへて、見失っていた本当にやりたいことに、ようやく気づいた瞬間だった。

倫衣はインターネットで、スタッフを募集している動物病院を探し始めた。すると、ある求人記事が目にとまった。

〔夜間救急の動物看護師さん、募集します〕

「ん？」

思わず目を疑った。4年間この業界で働いてきて、それは初めて目にする言葉だった。診療時間は「夜8時から翌朝6時まで」とある。

（動物のための、夜の病院。いったいどんなところなんだろう）

興味をひかれ、「救急」「動物病院」といったキーワードで次々検索《けんさく》してみた。思ったほど情報は出てこなかったが、それでもどうやら、夜、急に具合が悪くなり、翌日の診療を待てない動物が対象らしいことがおぼろげにわかってきた。こうした夜間救急専門の動物病院は、日本の各地に何軒《けん》か存在するようだ。

（救急病院というものが、獣医療《じゅういりょう》の世界にもあるんだ）

震災での光景がよみがえってきた。重油を飲んで亡くなった動物たち。どんなにか助けてあげたかった愛猫《あいびょう》の「先生」。あの時、たった一頭、一匹《ぴき》の命も救えず、ずっとうつむいていた心に、一筋の光が射しこんできた。

(私がやりたいのはこれかもしれない。夜間救急の仕事なら、生死の境目にいる動物たちを救えるかもしれない)

さっそく求人を出していた病院にコンタクトをとり、面接してもらうことになった。面接官は、ここでは普通《ふつう》の動物病院が開いていない夜間に緊急《きんきゅう》処置をし、翌日はそれぞれのかかりつけの病院へと動物を返して治療を引き継《つ》いでもらうのだと説明した。

倫衣はこれまでほとんど誰《だれ》にもいわずに溜《た》めこんでいたことを、ありのままに話した。

「私はかつて、宮城県の動物病院で働いていましたが、東日本大震災で多くの犬や猫が亡くなってしまいました。何もできなかった無力感から、動物看護師を辞めましたが、今になって、やっぱり自分がやりたいのは、この仕事だとわかりました。もっと勉強して力をつけて、次に出会うたくさんの動物のために生かせればと思い、救急病院に身をおこうと考えました」

熱意が通じたのだろうか、採用が決定した。震災から2年が経過していた。

知識をえるため寸暇《すんか》を惜しんで猛《もう》勉強

夜間救急動物病院で働き始めた倫衣は、それまでいた動物病院との違いに圧倒《あっとう》されることになる。

以前勤めていた病院は、人間の医療でいえば町医者やかかりつけ医といった存在だった。気心知れた飼い主と病院スタッフのあいだには、なごやかな空気もただよう。

ところが新しい職場となった救急病院は、その正反対といってよく、真夜中に動物の異変に気づいた見ず知らずの飼い主が、真っ青になって駆けこんでくる。

病院についた途端《とたん》、あるいは手術中に心臓がとまったり、容体が急変したりといったことも日常茶飯事《さはんじ》だ。連日動物の死に立ち会わなければならないこともある。

(つらいなあ)

初めのうちはそのたびに、涙《なみだ》がこぼれるのをどうしようもなかったが、立ち止まってはいられない。死の淵《ふち》をさまよう動物を助けだすのは短期決戦だ。一刻を争う状況のなか、打てる手があるのなら、集中的かつ徹底《てってい》的に打たねばならない。そのため動物看護師にも、「あれやって」と獣医師からバンバン指示が飛ぶ。

さらには動物看護師が考えを述べ、それを聞いた獣医師が診療方針を検討し、柔軟《じゅうなん》に変えていく。危機的な状態にある動物は、一つの判断が即《そく》、命とりになりかねない。だからこそ動物看護師も遠慮《えんりょ》などしていてはダメで、感じたり気づいたことを伝えなければならないようだった。

ある時、動物看護師が注射の薬剤《やくざい》を見て、「心臓の薬だね」とさらりと口にしたのには驚いた。

(そうか、知識があるからこそ動物看護師も、獣医師と対等になれるんだ)

以来、現場でわからないことがあると、獣医師が手の空いたタイミングを見計らい、ためらいなく声をかけた。

「すみません。さっきのコは心臓の病気だったのに、なぜ肺まで悪くなったのですか」

すると獣医師も、相手が動物看護師だからと手をぬいたりせず、納得するまで丁寧《ていねい》に教えてくれる。

「よくわかりました。ありがとうございます」

忘れてしまわないよう、持ち歩いているメモにせっせと書きとめる。あまりに頻繁《ひんぱん》に質問するので、

(小松がまた近づいてきたぞ)

もしかしたらそんなふうに思われていたかもしれない。

家に帰ってからも、専門書を読みふけり、勉強に熱中した。

ある時、末期状態にある低体温症《ていたいおんしょう》の猫が運ばれてきた。

体を温めるため、猫を入れた箱に湯たんぽをおき、ドライヤーで温風をあて、さらに箱の上にタオルもかぶせて温かい空気を全身にいきわたらせようとしたところ、

「いやいや、そのやり方じゃダメだ」

獣医師に止められてしまった。

「どういうことですか？」

戸惑《とまど》う倫衣に、獣医師は次のように解説した。低体温症でも程度がひどい場合は、体の自然な働きとして、末端《まったん》である足先の血管が収縮し、そのぶん心臓などの臓器に優先的に血をめぐらせる。それなのに足先を温めてしまうと、せばまっていた血管が開き、血液が足先に流れだす。その結果、重要な臓器に血流がまわらなくなり、機能の低下を引き起こすというのだ。

「このコの場合は、まずは体の中心だけ温める。足は最後、体温が上がったのを確認できてからだ」

倫衣は思わずゾッとした。

(私、知識がないばかりに、自分の手で動物を殺すところだった。知識を身につけることは、動物の命を守るために本当に大事なことなんだ)

低体温症では、とにかく全身を温めるというのは、倫衣が専門学校時代に習ったことだった。

だが、この世界は日進月歩《にっしんげっぽ》だ。「もう知っている」ではなく、最新の知識に更新《こうしん》する努力が不可欠だと、痛感させられた出来事だった。

五感を使って「みる」テクニックとは

ここに来て、たたきこまれたテクニックがある。一言でいえば「全身の状態を、五感を使ってみる」というものだ。

ではいったい、具体的に何をどうみればよいのか。バイタルチェックとフィジカルアセスメントとよばれる2つの用語に、その答えがある。

バイタルサインとは、日本語では生命徴候《ちょうこう》ともよばれ、体温、脈拍《みゃくはく》、呼吸、意識など、生きていることをしめす情報となるものだ。このバイタルサインを確認することをバイタルチェックという。

一方フィジカルとは肉体のこと。そしてフィジカルアセスメントは、視診《ししん》、触診《しょくしん》、聴診《ちょうしん》など、おもに体に直接ふれて状態を把握《はあく》する手法をさす。例えば聴診器《ちょうしんき》で心音を聞くことも、フィジカルアセスメントにあたる。

これら2つの手法で動物の状態を知ることを、ここでは「みる」と表現していた。

どちらもごく初歩的なテクニックだ。だが意外にも救急医療の現場で重視されるのは、高度な機器を使った精密検査などではなく、この2つなのだと獣医師はくり返した。

「生きるか死ぬかのところにいる動物ほど、バイタルサインやフィジカルという形で、体の変化をリアルタイムではっきりと伝えてくる。バイタルサインやフィジカルの情報から、動物の体に何がおきているかがわかれば、圧倒的に多くの動物を救うことにつながるんだ」

(ふうん。みるって大切なんだ)

その言葉に一応納得はしたものの、さほどピンときたわけではなかった倫衣だったが、ある時、こんな出来事に遭遇《そうぐう》する。

肺に水がたまり、呼吸がさまたげられる肺水腫《はいすいしゅ》という病気をわずらった猫がいた。

ハァハァハァ……。

酸素室に入れ酸素濃度《のうど》を限界まで上げていたが、胸の動きが早く、見るからに息苦しそうだ。来院して8時間ほど経過した時、猫の呼吸数がずいぶん減ってきていることに気づいた。

(よかった。だいぶよくなってきたんだ)

自分なりに、バイタルサインを読みとり、猫の状態を「みた」つもりだった。

「呼吸が安定してきています」

獣医師に報告した。すると獣医師は猫に目をやり、

「いや、これは呼吸が安定したんじゃない。呼吸筋が弱ってきたんだ。ほら、吸いこむ時の胸の動きが深いだろう？　末期的な状態だから、よくみていて」

というのだった。呼吸筋とはその名のとおり、呼吸する時に使う筋肉のことをさす。（呼吸の回数が正常に近づいたから、回復してきたのかと思ったけれど、実際は反対に、息をするのもやっとだったのか。たしかに表情もつらそうだ）

倫衣がしたことは、単なる呼吸数のカウントにすぎなかった。だが、呼吸状態を「みる」には、数だけでなく、呼吸の深さやリズム、呼吸する時の姿勢など、複合的にみなければ意味がなかった。

さらには呼吸だけでもダメで、顔つきなど他の要素もみなければ正しく判断できない。みるとはじつに、奥《おく》が深いのだ。この一件以来、「みる」ことは倫衣の看護のテーマとなり、つねに集中してみる癖《くせ》をつけていった。

動物看護師が「みる」スキルを発揮する場所がおもに2つある。待合室と入院室だ。

まずは動物と初めて対面する待合室で「みて」、緊急性の高そうな動物がいれば、ただちに獣医師に報告し判断を仰《あお》ぐ。

そのぶん緊急度が低ければ、待ってもらう人も出てくる。何の説明もされなければ、（救急病院に駆けこんだのに、30分も待たされて大丈夫《だいじょうぶ》なのか）

と、いら立ちがつのるだろう。そこで、

「重症《じゅうしょう》の動物がいるので、すみませんがそちらの診察《しんさつ》を先に進めています。私たちもちょくちょく待合室の様子を見ていますので、もし何かあったら声をかけてくださいね」と事情を話し、待ってもらっているあいだも動物の様子に気をくばっていることを伝えて、飼い主の心労をやわらげるフォローも欠かさない。

一方、入院室では、一日に何度も体重や体温を測って確認したり、「目を離したすきに容体が急変」といったことのないよう、動物の状態をまめに「みて」チェックする。

（どんなに忙《いそが》しくても、こまぎれになら時間はつくれる）

長時間、人の目が届かぬことのないように。気持ちを動物たちから離さないように。倫衣は他の作業をしながらでも、動物をみにいく時間を捻出《ねんしゅつ》した。状態が安定していなければ、時間の許す限り、文字どおりケージにはりつくようにして、みる。

多くの動物と接するなかで、「みる」ポイントがだんだんつかめてきた。

一番異変に気づきやすいのは目だ。猫、またはおもに高齢の犬で、目の揺《ゆ》れがあり、体が傾《かたむ》いていれば、前庭疾患《ぜんていしっかん》とよばれる平衡《へいこう》感覚が失われる病気かもしれない。瞳孔《どうこう》の大きさが左右で違っていれば、脳ヘルニアという脳神経の異常の疑いがある。

歯ぐきも倫衣がよくみる部位だ。唇《くちびる》をめくってみて、歯ぐきが健康なピンク色ではなく白ければ貧血を起こしている。

猫が足を引きずっていれば、足をさわる。前足と後足で温度が異なれば、血の塊《かたまり》が動脈につまる病気で、猫によく発《はっ》症《しょう》する血栓塞栓症《けっせんそくせんしょう》の可能性がある。

「先生、このコは血栓塞栓症かもしれません」

動物からえた情報が、速やかな処置につながればとの思いから、倫衣は症《しょう》状《じょう》を説明するだけでなく、なるべく自分なりに予想した病名もあわせて獣医師に伝えるようにした。

救急病院に来てみたとはいえ、飼い主が事の深刻さに気づいていないこともある。だからこそ余計に、飼い主の説明だけに頼らず、動物を直接みることは大切だ。

ある飼い主の男性からは、事前にこんな電話を受けていた。

「愛犬が立てないんです。まあ、苦しんだり痛がったりしているわけじゃないんだけどね。ちょっと心配だから診《み》てもらえますか」

口調からはさほど切迫《せっぱく》したものは伝わってこない。

だが、来院したゴールデン・レトリーバーをみた倫衣はハッとした。

(異様におなかが張っているぞ。それにグッタリして元気がない)

唇をめくると、すっかり血の気を失い白くなった歯ぐきが現れた。

(ひどい貧血が起きている)

「ちょっとお預かりしますね」

と、すぐに犬を中へ連れていき、獣医師に様子を伝えた。

超音波《ちょうおんぱ》検査をすると、脾臓《ひぞう》に腫瘍《しゅよう》があり、その腫瘍が破裂《はれつ》して、おなかの中で大出血していた。もう少し遅《おそ》かったら、出血多量で命を落としていたにちがいない。

男性を診察室に通し、獣医師が状況を説明する。

「えっ！　そんなに大ごとだったの？」

目を白黒させている。

「これよりすぐに、脾臓摘出《てきしゅつ》の手術をおこないたいと思います。費用ですが、診察代が〇円、手術代、薬代、入院代が……」

処置をほどこすには、すべて事前に飼い主の了承《りょうしょう》をえなければならない。だが、急転する現実を突《つ》きつけられ、その場で判断をくださなければならない飼い主の心の負担はけっして軽くない。しかし、手術をしなければ助かる道はないのだ。短い話し合いのすえ、飼い主も手術に同意した。

いざ手術に入ると、獣医師のユニフォームが血の海になるほどの出血量だったが、無事終《しゅう》了《りょう》した。

3日ほど前から何も食べなくなったとの理由で来院した猫。検査をすると血糖値が高く、糖《とう》尿《にょう》病《びょう》と診断《しんだん》されたため、血糖値を下げるホルモンのインスリンを注射したり、脱水《だっすい》症状を防ぐため輸液《ゆえき》をしていた。

倫衣は猫をみていて、何となくアンバランスな印象を受けた。背中がやせているわりに、足がブヨッとしている気がする。

「さわらせてね」

足をさわると、脂肪《しぼう》とは明らかに異なる、弾力《だんりょく》のないやわらかさを感じた。

（むくみがある）

獣医師をよぶ。獣医師も足を触診し、むくみを確認した。そこで血液検査をすると、腎臓《じんぞう》の働きが低下した状態である腎不全《じんふぜん》も起きていることがわかった。

「よし、腎不全の治療もあわせておこなおう」

獣医師からただちに、治療方針変更《へんこう》のための指示が出る。

救急医療の現場に慣れてくると、このように、自分の気づいたことを治療に反映できる場面が増えてきた。その実感は倫衣に、他には代えがたいやりがいをもたらした。

切れたら最後、電話は細い一本の糸

いきなり訪ねて来る人も少なくないが、救急医療のスタートは、たいていは一本の電話から始まる。

ピピピピッ……。

呼び出し音が鳴る。

(何度受けても緊張《きんちょう》する)

だが、ためらっているひまはない。即座《そくざ》に受話器に手を伸ばす。

救急医療では電話での第一報が、真に貴重な情報となる。ここで正確な状況を聞いておくことで、スタッフは前もっておこなうべき検査や処置を予測し、来院までの短時間に必要なものを準備しておけるからだ。そうすれば動物が到着《とうちゃく》すると同時に、時間のロスなく、素早く動くことができる。大げさではなく電話対応が、生死を分けることもあるのだ。

だが、動物の異変を目《ま》のあたりにし、平常心を失った獣医療の素人《しろうと》から、正しい情報を引きだすことは簡単ではない。こんなこともあった。

「呼吸は安定しています」

電話口の向こうで相手ははっきりそういいきったのだが、いざ対面すると、呼吸はすでに停止していた。呼吸の回数が減ってきたのを見て、「ゼイゼイと苦しそうじゃないから安定した」と思いこんだのか。それを見たスタッフは大慌《おおあわ》てで、心肺蘇生《そせい》の態勢を組まねばならなかった。

どうやらパニックにおちいった人は、「大丈夫」と、自分にいい聞かせたい心理になるらしい。平常心をたもとうとする心の働きが、事態を客観的に見る目をくもらせるのかもしれなかった。

情報を的確に拾わねばならない一方で、難しいのは、時間との闘《たたか》いでもある点だ。会話を長引かせてしまえば、そのあいだにもますます症状が悪化する危険性が高まる。理想は必要最低限の情報の掌握《しょうあく》だ。

(どうすれば短時間で効率よく、知りたいことを聞けるのか)

倫衣は、「動物がどういう状態なら、次に何を聞くべきか」を考え、Q&Aの流れのパターンを頭の中で整理していった。

「様子が変です」

「状態が急に悪くなってしまって」

そのように切り出されたら、最初に質問するのが、

「呼吸はありますか?」

だ。息をしているか、つまり生きているかどうかを真っ先にたずねる。

「わかりません」

そういわれたら、

「口に手を当ててください」

と、吐息《といき》が手に当たるかどうかを、その場で飼い主自身に確認してもらう。

「息をしていません」

もしそう返ってきたら、「犬ですか？　猫ですか？」「体重は何キロですか？」と、2点のみ答えてもらう。これらの情報が必要なのは、心肺蘇生で気道確保に使う気管チューブのサイズが、動物の種類と体重で異なるためだ。時間がもったいないので、飼い主の名前や、動物の年齢《ねん》《れい》や性別も聞かない。そして、「すぐに来院してください」と、手短かかつはっきりとした口調で伝える。

呼吸があり、もう少し聞けそうなら、さらにこちらからの質問に答えてもらう形で情報を深める。問いの立て方は重要だ。もし「グッタリしている」といわれて、「どんなふうに？」とたずねても、相手は説明に手間どるかもしれない。

そうではなく、「いつごろからですか？」「食欲はありますか？」「嘔吐《おうと》や下痢《げり》はしていますか？」と、誰もが答えやすく、かつ、その答えを手がかりに、想定される病気の候補がなるべくしぼられてくる質問をする。

救急病院にかかってくる電話は、一度切られてしまえば最後、修復のきかない糸のようだ。そのか細く頼りない糸を途切《とぎ》れさせないよう、注意をはらい、手繰《たぐ》り寄せるようにして、倫衣はまだ見ぬ相手と言葉を交わす。

電話口で「愛犬が元気がなく、弱っている」という女性。性別はメスだという。

「避妊《ひにん》手術をしていますか？」

とたずねると、していないという。

「年齢は？」

「11歳《さい》です」

こうなれば、病気の知識を持つ者がまず疑うのが子宮蓄膿症《ちくのうしょう》だ。子宮内に細菌《さいきん》が感染し、膿《うみ》がたまる病気で、メス犬で高齢期に発症することが多い。倫衣もそうあたりをつけたうえで、他にも何か症状が出ていないか聞いた。

「水をすごくたくさん飲むんです。あと、目やにもひどくて」

やはり子宮蓄膿症でまちがいなさそうだ。たまった膿で子宮が破裂し、細菌がおなかの中に広がり腹膜炎《ふくまくえん》を起こすなどすれば、短時間で死亡してしまう。

「緊急性の高い病気の疑いがあります。危ないかもしれませんので、すぐ連れてきてください」

しばらくして到着した先ほどの女性とチワワ。超音波検査をすると、倫衣の推測どおり子宮蓄膿症で、今にも破れそうなほど子宮がパンパンに腫《は》れていた。女性の了承をえて、卵巣・子宮の摘出手術をおこない、チワワは一命をとりとめた。

手術が無事終わったのを見届けた女性は、会計をすませるため、その日受付を担当していた倫衣の前に進み出た。そして、こう口を開いた。

「お姉さんに、すぐに来てくださいっていわれなければ、亡くなっていたかもしれません。ありがとうございました」

倫衣は女性に、自分が電話で話した人物であると名乗り出たわけではなかった。おそらく声でわかったのだろう。

一般的な動物病院と違い、救急病院ではスタッフと飼い主は、一度会ってそれきりという関係だ。親しい会話からたがいの人柄《ひとがら》を知るような機会はなく、獣医師ならいざ知らず、縁《えん》の下の力持ちである動物看護師が、飼い主から個人的にお礼をいわれることなどまずない。それだけに、女性から直接感謝の言葉を受けとったことは、

（やっと人の役に立てた。動物看護師をやっていて本当によかった）

と、倫衣を心からうれしくさせた。

獣医師だって悩める人間

救急医療では、検査の結果次第で、ただちに手術に入らなければならないことも多い。すると獣医師は、治療の段取りを組み立てることに神経を集中するあまり、必要な作業がすっぽりぬけ落ちてしまうこともある。つねに冷静に見える獣医師だが、「心肺停止した時は、あせるしパニックになる」とは、倫衣がよく聞かされる言葉だ。

獣医師が心電図のモニタをつけ忘れ、それに気づいた誰かが素早くスイッチに手を伸ばす。

そんな場面を目にすると、

（獣医師も完璧《かんぺき》ではないのだ）

と痛感した。

人間である限り、パーフェクトはありえない。チェック機能としてのおのれの役割に、動物看護師は自覚的になるべきかもしれなかった。

獣医師も完璧ではない。これはメンタル面にもあてはまることだ。日々悩み、後悔《こうかい》することもある。

高額な治療をするかしないか。苦しみのただなかにある動物をはさんで、獣医師は飼い主にお金の話をしなければならない。しかも、けっして容易ではないその決断を、その場でくだすようもとめる。これもまた、救急医療がつきつけるシビアな現実といえた。

獣医療にたずさわる者は、その動物にとって最善の治療をしてあげたいと考える。動物を救いたくて、この世界に身をおく人々のいつわらざる思いだ。

だが、動物にどこまでお金をかけられるかは、飼い主の経済状態や、動物を飼うということへの考え方でも変わってくる。助かる見込みがあるなら、とことん治療する人間の医療の常識とは、大きく違う点だ。

そのため、どこまで治療する許可をえられるかは、ひらたくいえば獣医師の「話術ひとつ」、ということにもなってくる。

束《つか》の間、来院者が途切れた静かな夜更《よふ》け、獣医師が誰にいうでもなくつぶやいた。

「もっとやってあげるべきだったんじゃないのか。自分がうまく話せれば、もう少し踏《ふ》みこんだ治療ができたんじゃないかな」

普段《ふだん》は自信にあふれて見える獣医師の、繊細《せんさい》な心の内だった。

「でも、飼い主さんが納得されていたんだったら、その治療は合っていたんじゃないですか」

重い気持ちを引きずれば、次の診療に影響《えいきょう》を与えかねない。時に落ちこんだ獣医師の心を立て直す手助けも、動物看護師の役目かもしれないと倫衣は考える。

予測不能な深夜のお客様

動物の夜間救急病院は、しばしば「駆けこみ寺」にたとえられる。あわてふためいた人が、「今すぐ診てほしい」と、助けをもとめて来るからだ。実際、急を要する状態のことももちろん多いが、かと思えば「爪《つめ》が折れた」といった軽症《けいしょう》のこともある。

助けを請《こ》うのは飼い主だけとは限らない。交通事故にあった瀕死《ひんし》の動物を、偶然《ぐうぜん》通りがかった人が運びこんでくるのもよくある話だ。

「カラスに襲われていたところを見かけて、放っておけなくて」

そういいながら女性が、倫衣に差し出したのは、黒い毛糸玉みたいな子猫。生後1か月ほどだろうか。連日攻撃《こうげき》されたのか、背中はくちばしでつつかれて穴が開き、蛆だらけだ。痛々しい姿をさらけ出しながら、子猫は不安を訴《うった》えるかのように、「ニャー、ニャー」と鳴く。鳴く力が残されているところを見ると、助かる見込みはあるかもしれなかった。

シャンプー台で汚《よご》れと蛆を洗い流し、抗生《こうせい》物質の注射も獣医師が打ち、輸液を点滴《てんてき》して回復を図る。

(ミルク、飲んでくれるかなぁ?)

猫用のミルクを皿に入れてみたものの、「プイッ」とそっぽを向いてしまった。食欲がないとなると、やはり心配だ。

(ダメもとで缶詰《かんづめ》のフードをあげてみよう)

ドライフードにくらべて水分が多く食べやすいウェットフードを缶詰からとりだし、目の前におくと、無我夢中で食べ始めた。

(なあんだ、固形物が食べたかったのか。ミルクはもう、卒業していたんだ)

その後、子猫はたくましい生命力を発揮し、しっかりと歩けるまでに元気をとりもどした。

翌朝、子猫をレスキューした女性が迎《むか》えにやってくると、倫衣にこう告げた。

「このコ、うちで面倒《めんどう》みます」

「それはこのコにとって何よりだと思います」

心優しい飼い主は、新しい家族の一員を大事に連れ帰った。

動物たちが残していく贈《おく》り物

日常生活ではあまり頻繁には遭遇しない死が、ここではとても身近なものだ。だが不思議なことに、動物の死から倫衣が受けとるのは、かならずしもつらいだけの感情ではない。

もう3週間も入院している、高齢のアメリカン・ショートヘアがいた。この病院では緊急処置をほどこしたら、翌日、かかりつけの病院に返すのが原則だが、衰弱《すいじゃく》がはげしく移動が難しい場合などは、その後も続けて預かることになる。

猫は胃腸が炎症《えんしょう》を起こす、炎症性腸疾患《しっかん》（ＩＢＤ）が重症化していた。ほとんど何も食べられなくなり、日に日にやせていった。猫は本来きれい好きな生き物で、自分の足や舌を使ってせっせと毛づくろいするものだが、その力もないようだった。

（今日は毛づくろいするところを見ていない）

倫衣はブラシをとってきた。入院しているケージの扉《とびら》を開け、腕《うで》をさし入れると、頭や胴体《どうたい》の毛をといてやった。

「ニャー」

アメリカン・ショートヘアは鳴いて、しっぽをパタパタッとふった。

（あ、うれしいんだな）

とても人懐《ひとなつ》っこいコだけに、人とふれあえて喜んでいるのだろう。倫衣もうれしかった。

ところがその30分後。猫は突然、たおれるようにして、亡くなってしまった。

（うれしくて鳴いたのかと思ったけれど、あれは最後の力をふりしぼって、「お世話してくれてありがとう」って、メッセージをくれたのかな）

のちのちそんなふうに考えるようになった。

この猫に限らず、死が直前にせまった犬や猫は、かならずといってよいほど「ワン」「ニャー」と鳴くことに、倫衣はある時気づいた。まるで倫衣らスタッフによびかけでもするように、最後のひと鳴きをするのだ。

（救ってあげられなくてごめんね。気持ちを伝えてくれてありがとう。天国があるのかどうか、私にはわからないけれど、あとはもう、そちらの世界でゆっくりしてね）

動物たちが聞かせてくれるその声は、倫衣の心をあたたかくする。

病院で亡くなった動物は、動物看護師がエンジェルケアをほどこす。闘病《とうびょう》の跡をとりのぞき、まるで眠《ねむ》っているかのような姿にして返すことは、飼い主の苦しみをやわらげることにつながる。

エンジェルケアをしている時、倫衣が動物にかける言葉は、

（ごめんね）

だ。生きて家に帰してあげられなかったことは、やはり胸が痛む。

思い浮かぶのは、震災で亡くした愛猫「先生」のことだ。あの時は断水で水もなく、体をふいてあげられるタオル一枚手に入らなくて、泥《どろ》をかぶったまま火葬に出すしかなかった。

（だから飼い主さんに動物をお返しする時は、できる限りきれいにしてあげよう）

倫衣はそう決めている。

なきがらを白い段ボール製の棺《ひつぎ》に納め、飼い主の手にゆだねる。

「ありがとうございました」

悲しみを押《お》し殺して、そういってくれる人もいる。お礼をいわれることで、申し訳ないような、でも、

（最後に病院で診てあげられたことは、よかった――）

と、自分を納得させられる気がする。津波で亡くなった動物たちには、救いの手を伸べることすらできなかったのだから。


今でも耳に焼きついている「音」がある。

心臓を構成する筋肉の異常により、心臓の機能が低下する心筋症《しんきんしょう》と、腎不全をわずらっている高齢の猫がいた。かかりつけの病院で治療を受けてきたが、この日の夜、体調が急変した

ため、飼い主が連れてきたのだった。検査をすると、末期的な状態だった。これまで十分闘病をがんばり、もはや命のともしびが消えそうになっている老猫《ろうびょう》の心臓が、もし病院でとまっても、「心肺蘇生は望まない」というのが飼い主の希望だった。

猫の体には電極がとりつけられ、心臓の動きがモニタに映し出されていた。倫衣はこまめにモニタを確認していたが、ある時点からどんどん心拍《しんぱく》数が減ってきた。

(万が一器械の故障ということもあるし、実際に自分の耳で確認してみよう)

スタッフ共用の聴診器を装着して、猫の胸に当てた。聴診も、倫衣が大切にしている、動物を「みる」手段のひとつだ。

ドクン……、ドクン……、

モニタの波形が示すとおり、やはり心音が来る間隔《かんかく》に開きがある。生命力が確実に弱まってきているのだ。

そのまま注意深く聴《き》いていると、心音が鳴り、猫が「ニャッ」と鳴いた。そのあとにもう一度ドクン。そしてそれきり何も聞こえなくなってしまった。

(えっ、どういうこと?)

倫衣は耳を澄ませて次の鼓動《こどう》を待った。だが、それが鳴ることは永遠になかった。

我に返り、急いで獣医師をよぶ。獣医師が死亡確認をおこなうのを、倫衣はどこか上《うわ》の空で見ていた。

自分は老猫の最後の心臓の音を聞いたのだ。だが、現実味はなかった。長年連れ添《そ》った飼い主が聞くことのなかった音を、「聞けた」という気もするし、「聞いてしまった」とも思う。それはある意味、象徴《しょうちょう》的な出来事だった。生き物である以上、永続することはなく、いつかかならず終わりが訪れるもの。そんなことは百も承知のうえで、けれどもそれを止めないために、時に獣医療の限界に打ちのめされながらも、倫衣たちが日々、心血を注いでいるもの。それが今この瞬間、手を離れ、人の努力のおよばないところへと旅立っていった――。

時計の針は、もうすぐ朝の5時をさそうとしていた。

(私、生と死のはざまを聞いたのかな……)

あの時の気持ちを言葉にするのは難しい。だが、倫衣は聴診器を通して聞いたその音を、これからも忘れることはないと思う。

夜間救急動物病院で働き出して1年後、倫衣は結婚《けっこん》し、その翌々年には男の子を出産した。赤ん坊《ぼう》は言葉やジェスチャーを使えず、ほぼ泣くことでしか要求を伝えられない。

アーッ。

むずかり始めると、倫衣は赤ん坊の顔をジッとのぞきこむ。

(おむつを替《か》えてほしいのか、空腹なのか。あるいは暑いのか)

食い入るように表情をみつめ、声に耳をそばだて、動きにも注意をはらいながら、赤ん坊が発する信号を懸命《けんめい》に読みとろうとする。

(今朝、おむつが濡《ぬ》れていた時の泣き方とは違う気がする。おなかがすいたのかな)

ミルクを与えると、途端《とたん》に泣きやみ、おいしそうに飲み始めた。

物いわぬ相手の微細《びさい》なサインを正確にキャッチする。思いもよらなかったことに子育ては、動物看護師としての「みる」力を、格段に鍛《きた》え上げてくれた。


息子は4歳になった。片道2時間かかる夜間救急動物病院に、子育てしながら勤務するのは難しくなり、現在倫衣は、普段は日中に開いている病院に勤務し、夜間の病院には、週末に一晩のみ出勤している。

平日に働いている病院は、地域の人びとのかかりつけとして頼られ、かつていた宮城県の病院での日々を思い出させた。だが、仕事の深さは以前とは違っていた、例えばこんなふうに。

年に一度の感染症《かんせんしょう》予防のためのワクチン接種で、ミニチュア・ダックスフンドが来院した。倫衣は待合室で問診《もんしん》をとった。

「最近、あまり元気がないんですよ。もう年だからしょうがないですね」

なかば雑談のような飼い主の話を聞きながら、犬の様子をみていた倫衣は、

(呼吸がおかしいな)

と感じた。回数は正常なのだが、不自然に深く大きいようだ。

「ちょっとみせてください」

体にふれ、まず目をみたが、異常なし。次に唇《くちびる》をめくると、色を失い蒼白《そうはく》だった。すぐに中に連れていき、獣医師の補助についてきぱきと、次のような検査と処置を進めていく。

血液中の酸素の量を測定すると予想通り数値が低かったため、酸素マスクをつけて酸素をかがせ、待ったなしで酸素室へ入れた。呼吸が落ちついたところで超音波検査をすると、胸に水がたまった状態である胸水貯留《きょうすいちょりゅう》を起こしていることがわかったため、獣医師が胸に針を刺《さ》し、水をぬきとった。

(以前の私だったら、問診で飼い主さんの説明を聞くことだけに集中して、となりにいる、肝《かん》心《じん》の患者《かんじゃ》である動物をみようとしなかったにちがいない)

日中に診療する動物病院にも、体調が急変した動物も飛びこんでくるし、このミニチュア・ダックスフンドのように、ただちに処置が必要なケースもある。一般的な動物病院も夜間救急動物病院も、その存在は地続きだ。

動物をみて、状態を知り、適切な治療へと導く。救急診療でつちかった力は、これからも続く倫衣の動物看護師人生を力強く支えてゆく。

Story4

どうして愛猫《あいびょう》の治療《ちりょう》をこばむの？

本音を聞き出し、ベストを探る

思いがけないスカウト

関口華菜江《せきぐちかなえ》が動物と人の関係に向ける目は、子どもの時からきびしい。

幼いころ、父親に連れられて、よく博物館を訪れた。そこに展示されている恐竜《きょうりゅう》の骨などの化石を見て、人が存在する前の世界に魅《み》せられた。そこから生き物にのめりこんでいった。

恐竜が絶滅《ぜつめつ》しても、また新たな種が誕生したり栄えてきた。人間もそのひとつだ。それなのに、人間だけが特別な存在としてふるまっていることが理解できなかった。

（人間も動物のいちいん。なのになぜ、自分のつごうで野生動物をぜつめつさせたり、ちきゅうをよごしているの？　人間だけが、どうしてこんなにいばっているんだろう）

小学生になり、学校で戦争について学ぶと、疑問はさらに深まった。すべての動物を牛耳《ぎゅうじ》るまでにのし上がった人間が、今度は人同士、殺し合う。

（人間って何なの）

近所の児童館に通いつめると、わき目もふらずビデオコーナーに直行した。毎回決まって借りるのが『火垂《ほた》るの墓』。高畑勲《たかはたいさお》氏が監督《かんとく》した、第二次世界大戦を描《えが》いたアニメーション映画だ。画面の前に座り、ひとりで見続けた。なぜ登場人物たちが死なねばならないのか、何度見ても意味がわからなかった。

そしていつしか達した結論は、「人間は、自然界の頂点に君臨しているようで底辺」。底辺、早い話が最低だ。


野生動物を保護する仕事につきたい、と思うようになったが、やがて気持ちは、人に寄り添《そ》う身近な動物たちへと向かった。吠《ほ》えたり噛《か》んだりの問題行動から飼い主が面倒《めんどう》をみきれず、捨てられてしまう犬も身近にたくさんいる。ドッグトレーナーになり、犬を飼う人に正しい知識を教えられれば、不幸な犬を減らせるはずと考えたのだ。

なりたい職業は決まった。だが、トレーナーを養成する専門学校のしつけ科に目をつけたものの、入学の条件が、自分で犬を1頭用意することだという。華菜江の家は、ペットの飼育が許可されていないマンション暮らしのため、今すぐ犬を飼うことはできない。

(お金を貯めて、犬と暮らす家に引っ越《こ》そう)

だがその前に病気のことも学びたいと、同じ専門学校の、動物看護学科に入学した。卒業後はペットホテルなど、動物業界で複数のアルバイトをしてお金を稼《かせ》ぎ、念願の犬との生活を始めた。この時から人生の相棒になったのが、メスのジャック・ラッセル・テリアのさくらだ。

そして念願のしつけ科に入学し直した。

しつけ科を卒業すると、華菜江はそこの教員として就職した。トレーニングの世界も日々、進歩している。学校に残れば最新情報が手に入るし、「もっと教わりたい」とあこがれる、トレーナーの先生がいたのも理由だった。

教員になった年のある日、華菜江は学生時代の後輩《こうはい》で、現在は動物看護師として働く親しい人物に、一人の男性獣医師《じゅういし》を紹介《しょうかい》される。名前は高矢祐司《たかやゆうじ》。高矢は近々、動物病院を開業予定だといった。

「動物看護師を雇《やと》いたいので、興味がある学生がいたら紹介してもらえませんか」

「わかりました。私はしつけ科の教員なので、動物看護学科の先生に伝えておきますね」

と、そんな会話を交わして終わったのだが、後日、また3人で会って話すうち、高矢は華菜江のなかに動物看護師としての資質を認めたのだろうか、

「動物看護師として、君が僕《ぼく》の病院に来ませんか?」

と思いもよらぬスカウトをされ、心が動いた。その背景には、次のような問題意識があった。

華菜江はいつしか、「犬のトレーニングとは、犬よりも飼い主のトレーニングをすること」と考えるようになっていた。

トレーナーである自分が、犬を直接しつければ話は早い。だがそうではなく、犬と生活をともにする飼い主が、きちんと指示を出せるようにならなければ意味がない。そのためには、飼

い主と念入りに話し合い、指示の出し方や、なぜそのしつけが必要なのか、納得しておこなってもらわねばならない。それが本当の犬のトレーニングだと華菜江は思っていた。

これは動物の健康管理についても同じではないか、と考えるようになっていた。

例えば猫《ねこ》の爪《つめ》は定期的に切らないと、伸《の》びて肉球に刺《さ》さることがある。そうなれば傷口が化《か》膿《のう》し、歩行に支障が出る場合もある。だが、飼い主が爪切りの大切さを知って実行していたら、肉球に爪が刺さることはない。反対に、トレーニング同様、飼い主本人が必要性を理解せず、正しい飼い方を実践《じっせん》しなければ、どんなにすぐれた治療《ちりょう》を病院が提供できたとしても、動物の健康や命を守ることはできないのではないか。

(病気になってから来てもらうんじゃなくて、健康な時にも来てもらって、病気にかからないような話が普段《ふだん》からできる病院がつくれたらいいな。そうすれば、動物の飼い方について、飼い主の意識を根本的に変えていくことができるはず)

幼いころから感じていた、動物と人の関係への疑問。それを動物看護師という立場から、改善できることに希望を見出したのだ。華菜江は教員を辞め、翌年高矢が開院した動物病院で、動物看護師として働き始めた。

待合室で名探偵《めいたんてい》の腕《うで》を発揮

誕生したばかりの動物病院は、来院数もまばらだ。静まり返った待合室。検査結果が出るまでのあいだ、所在なげにひとりポツンと待つ飼い主。

（もし私だったら、悪い結果が出たらどうしようとか、これからどれぐらいの期間、ここに通わなければいけないのかとか、いろいろ考えてしまって不安になるだろうな）

気持ちをまぎらせるため、何か話しかけてあげたい。とはいえ、動物看護師としてはまったくの新人の華菜江は、病気について話せるわけではない。そこで、たわいもない話題を口にしてみる。

「雨、いやですね」

「普段はお散歩、どこに行くんですか？」

何でも話せる動物病院づくりは、思えばこんな小さな雑談からスタートした。

だが、そんなとりとめのない日常会話のなかに、飼い主がかかえる問題の、解決の糸口が見つかることがあった。

小春という名前のボストン・テリアがおなかをこわしたといって、来院した若い女性。まだ小さい子どももいてにぎやかだと話す。ピンときた華菜江は、探偵のように、質問してみる。

「もしかして小春ちゃん、テーブルの下にいません？」

「ああ、よくいますねえ」

するとと、次のような調査結果が浮《う》かび上がってくる。

(子どもの食べこぼしを口にしたのかも)

人間の食べ物には、犬や猫が口にすると健康被害《ひがい》を招くものもある。小春は飼い主の目の届かぬテーブルの下で、子どもが落とした「ごちそう」を、素知らぬ顔で食べていたのかもしれなかった。


知識と経験が増えるにつれ、探偵の腕も上がってきた。


「何度も吐《は》いています。最後のほうは何も出ないのに、ゲーゲー吐くしぐさをするんです」

1歳《さい》のラブラドール・レトリーバーを連れた女性。症状《しょうじょう》を聞いて華菜江は、誤って物などを飲みこんでしまったかもしれないと考えた。犬や猫によく起きる事故で、特にラブラドール・レトリーバーなどの好奇心旺盛《こうきしんおうせい》な犬種は、何でも口に入れてしまう傾向《けいこう》が強い。もし本当に誤飲で嘔吐《おうと》しているのなら、腸閉塞《へいそく》の可能性もある。これは命にかかわることもあり、迅速《じんそく》、適切な対応が必要となる。


誤飲するところを飼い主が目撃《もくげき》していれば話は早いが、今回のように、飼い主に自覚がない場合、「誤飲した可能性がありそうかどうか」を判断できる情報を、聞きだせるかがカギになる。

だがこんな時、「何か悪いものを食べちゃったりしていませんか？」と質問すると、責められたように感じて、「ないわよ」と、心の扉《とびら》を閉ざされかねない。そこで華菜江は、直球でたずねることは避《さ》け、遠回しに状況を探ることにした。

まずはさり気なく、こんなふうに切りだしてみる。

「ラブちゃんは普段から元気いっぱいですよね？」

「もう、すごいおてんばなんですよ」

そこから、華菜江は自分の愛犬の話をしていく。

「あ、じゃあ、おもちゃ大好きですよね。うちのコも好きなんですけどね。特にピーピー鳴るおもちゃがお気に入りで。でも、音の出る部分を何度もかじっちゃうから、すぐこわしちゃうんですよ。ひどい時は、10分も持たなかったかなぁ」

こういう同意してもらいやすい話をすると、相手ものってくるものだ。

「うちもなんです」

と、思わず身を乗り出す女性。

「えー、じゃあ、こわしたおもちゃを、食べちゃったりしません？」

「いやぁ、たまにありますよね。ウンチから出てくるから、びっくりしちゃう」

ここまで聞きとれれば確認すべき容疑者も見えてくる。もしかするとラブラドール・レトリーバーのおなかの中には、食いちぎったおもちゃがつまっているのかもしれない。

華菜江は獣医師に伝えにいく。

「誤飲の疑いもあるようです。検査の準備はどうしますか？」

獣医師はこう答える。

「そうだな、超音波《ちょうおんぱ》検査の準備を頼《たの》む」

聴診器《ちょうしんき》一つ使わず、雑談を装った問診《もんしん》のなかで、獣医師の診断《しんだん》につながるキーワードを引きだしていく。

仕事のあいまをぬって、机の上での勉強にも時間をさいた。学ぶことに貪欲《どんよく》になり、やがて獣医師向けの専門書も読むようになった。獣医師が書いた論文は、一つだけ読んで終わらせるのではなく、同じ病気について他の人が書いた論文もインターネットで検索《けんさく》して読みくらべる。効能や成分、副作用などが書かれた薬の説明書も、貴重な知識の供給源となった。本を読んだり、動物について勉強するのは好きで、飽《あ》きることはなかった。そして気がつけば、手術の助手についたり、重い病気の動物の入院管理にたずさわったりできる一人前の動物看護師に成長していた。

獣医師には「内緒《ないしょ》」のおやつ

時折来院する、ボタンという名前の高齢《こうれい》の猫がいた。連れてくるのは、こちらも高齢の夫婦。ボタンは猫によく発症《はっしょう》する腎不全《じんふぜん》だった。腎不全は完治せず、程度の差はあるがかならず悪化していくため、病院では脱水《だっすい》症状をやわらげる輸液《ゆえき》や、食事指導などをおこなう。

「定期的に点滴《てんてき》に来てください。そうしたらボタンちゃんも体調が安定して、長くいっしょにいられますよ」

来院のたびに獣医師が提案するのだが、二人は首を縦にふらない。ボタンの食欲がなくなり、具合が悪くなって初めてやってくるようだ。検査も最初に受けたきりで、その後は拒否《きょひ》。華菜江ともあまり話さず、点滴が終われば「用がすんだ」とばかりに帰っていくことをくり返していた。

夫婦の住まいは、病院から遠いわけではない。二人そろって日中現れるところを見ると、もう仕事もしていないようだし、猫の治療にかけるお金や時間がないわけでもないようだった。

「病院に来るのが面倒なのかな。ボタンちゃん、かわいそう。もっと猫のことを考えてあげればいいのに。イヤな飼い主さん」

華菜江は不満だった。

気になるのが、年齢《ねんれい》によるものなのか、ときどき妻の体調が悪そうに見えたことだ。

気遣《きづか》うのだが、ぶっきらぼうで口の悪い夫は意に介《かい》さない。

「大丈夫《だいじょうぶ》ですか？」

「あー、いいんだいいんだ」

と、絵に描《か》いたような亭主《ていしゅ》関白ぶり。かと思いきや、妻のためにドアを開けてあげるジェントルマンな一面ものぞかせる。

（いっていることとやっていることが違《ちが》う面白い人）

そんな印象も受けた。

ある時、何かの拍子《ひょうし》に華菜江は、夫のこんな言葉を耳にする。

「もう長くないんだ」

「え？　ボタンちゃんがですか？」

とっさにたずねると、思いもよらぬ言葉が返ってきた。

「わしら二人ともがんで、そんなに長くないから。ボタンを長生きさせても、みるやつがいないから、いいんだ」

これを聞いた瞬間《しゅんかん》、華菜江が抱《いだ》いていたすべての謎《なぞ》がするすると解けていった。

夫婦はがんをわずらい、この先どこまで生きられるかわからないなか、ボタンを看取《みと》るのは自分たちだと心に固く決めていた。最期《さいご》まで看取ってあげたい。そして自分たち同様愛猫《あいびょう》にも、その日一日を楽にすごしてほしい。この2つをかなえるのが、「調子が悪くなった時だけ点滴を受けさせる」というやり方だったのだ。

冷たい飼い主だと思っていた二人が、彼《かれ》らなりの愛情を猫にかけていた。そう知った時、華菜江は頭をなぐられたようなショックを受けた。

（私はこれまで、動物のためにできることを全部するのが飼い主の役目だと思っていたけれど、そんなのはエゴにすぎなかったんだ。なんて浅はかだったんだろう）

人にはみな、事情や本音がある。だからこそ、どんな治療がベストなのかもそれぞれ異なるのだ。それ以来華菜江は、動物看護師として飼い主とよく話し、信頼関係をつくって、心の中にひそんでいる本当のことを知ろうと力を尽《つ》くしていった。

飼い主に本当のことをいってもらうことが、結果にダイレクトに結びつくものに減量がある。肥満は万病のもと、というのは人間に限らず、犬や猫も同じ。関節の病気や糖尿《とうにょう》病《びょう》などのリスクが高まり、寿命《じゅみょう》を縮めてしまう可能性もある。それらを予防するため、体重を適正にコントロールすることは重要だ。

犬、猫の体重が増えるのは、飼い主が食べ物を与えすぎている場合も多い。そこで病院では、太った動物の飼い主にたいし、減量指導として、減量用の療法食《りょうほうしょく》を使い、摂取《せっしゅ》カロリー量をコントロールするよう導く。療法食とは、獣医師の指導のもとで与えられる、治療を補助するために特別につくられたフードのことだ。この食生活を続けてもらいながら、徐々《じょじょ》に体重を減らしていく。

だが、実際に毎日食事を与えるのは飼い主だ。しかも食事の場は獣医師の目の届かない自宅。だからこそ、飼い主が食事量や種類をごまかしてしまうと、いつまでたってもなぜかやせないという事態が発生する。

「減量中は、決められたごはんだけにしてくださいっていわれていたのに、愛犬にねだられて我慢《がまん》できず、市販《しはん》のビスケットをあげてしまったのよ。だから体重が増えてしまって……」

こんなふうに、獣医師には本当のことがいえないけれど、動物看護師である華菜江には心を許して打ち明ける人もいる。

やせさせたいのであれば、おやつはやめるべき。そういうのは簡単だ。

(でも、おやつは飼い主さんにとって、動物とコミュニケーションをとれる大事なもの。動物を太らせてしまう人は、それまでおやつをたくさんあげていることが多いけれど、それを全部やめなさいというのは、人も動物もストレスなんじゃないかな)

減量させるには時間がかかる。「おやつは禁止」と厳密に決められては、耐《た》えきれず、挫折《ざせつ》してしまう人も多いだろう。

そこで華菜江は、ビスケットをあげてしまったと話す飼い主に、いたずらっぽくこう持ちかける。

「病院で売っているダイエット用のおやつは低カロリーだから、先生には内緒で、これだけあげていいことにしちゃいましょうか」

もちろん獣医師にはあとで伝えるため、秘密でもなんでもないのだが、この「先生には内緒で」という文句がミソだ。

飼い主ははじめ、「ビスケットを食べさせた」という秘密をひとつ、持っていた。その秘密を知った華菜江は、「では、別のおやつをこっそりあげましょう」と提案した。いってみれば、飼い主の秘密を別のそれにすり替《か》え、「新たな秘密を共有する」との同盟を結んだことになる。

「秘密を持っている」との小さな後ろめたさがあると、まじめに減量させようとしている人であれば、これ以上秘密を持とうとは思わなくなるものだ。油断したすきに、朝食のウインナーをうっかり盗《ぬす》み食いされても、ちゃんと申告してくれるようになる。こうして隠《かく》し事がなくなれば、体重が増えた時はいっしょにくやしい気持ちになり、やせたらともに喜べる同志になれる。そして減量は、確実に結果へとつながっていく。

揚《あ》げ物屋さんの匂《にお》いだ

飼い主と最初に顔を合わせる待合室。華菜江が心がけているのが「目線を合わす」ことだ。

「今日はどうですか？」

ベンチに座った飼い主の正面に膝立《ひざ》ちする。雨や雪の日で床《ゆか》がぬれていれば、しゃがんだ姿勢に。飼い主の横が空いていればとなりに腰《こし》かけることもある。これだけで、話しやすいムードがつくれるはずだ。

さて、華菜江の動物病院では一人の動物看護師が、自分が受付対応をした飼い主が帰るまで、一貫《いっかん》して担当するのが決まりとなっている。

具体的な流れとしては、受付をしたら、待合室で問診をとる。その後も症状が複雑な場合などは、診察の順番がまわってくるまでさらに詳《くわ》しく様子をたずねる。ここで知った内容で、診断や治療に関係すると思われるものがあれば、診察が始まる直前に獣医師に伝える。そして診察室にも同席。最後に処方された薬を渡《わた》し、会計をして、「お大事にどうぞ」と送りだす。こうしたシステムを採用している動物病院は、あまり多くない。

診察室というのは、多少なりとも緊張《きんちょう》を強いられる空間だ。入室直前までなごやかに話していた動物看護師が付き添ってくれれば、飼い主は心強いにちがいない。病状をうまく説明できない人がいれば、先ほど待合室で聞いた話をもとに言葉をおぎなったりと、獣医師と飼い主の橋渡し役となる。

診察室では、診察や検査の結果、治療方針も、飼い主といっしょに聞くことになる。動物の治療にまつわる経過を、獣医師、飼い主と、リアルタイムですべて共有するのだ。だからこそさまざまな場面で、飼い主を密に支えていくことができる。

メスのチワワと来院した女性。華菜江が問診をとり、いっしょに診察室に入った。

検査の結果、子宮蓄膿症《ちくのうしょう》と診断された。子宮蓄膿症は、放っておくと死にいたる危険性が高いことから、基本的に診断が確定した時点で緊急《きんきゅう》手術が必要となるケースが多い。このチワワの場合もそうだった。

このままでは命が危ないことを女性に伝えたうえで、獣医師が最初に勧《すす》めたのは、やはり可能な限り早く手術をおこなうことだった。そうすれば、手術にともなうリスクはゼロではないが、完治も望めるのだ。他にも薬による治療方法もあり、一時的に症状を緩和《かんわ》できる可能性はあるものの、高い確率で再発することとなり結局手術を選択《せんたく》せざるをえなくなる。

要約すれば、何か事情がないのなら、今すぐ手術するに越《こ》したことはないのだ。だが獣医師はインフォームドコンセントにのっとり、治療法の選択肢《せんたくし》を提示しながらていねいに説明していった。

その様子を横で見ながら、華菜江は女性の反応がうすいのが気になった。

「ああ、そういう病気もあるんですね。へぇー」

と、どこか他人事なのだ。

(普通なら驚《おどろ》くはず。「そんなに大変な病気なの?」とか、「手術に危険はない?」とか、気になることはたくさんあるはずなのに、質問も出てこない)

ついさっき問診をとった時は、

「昨日までは元気だった。今日はご飯を食べず、あまり動かない」

と話していた。これほどの重大事を想定していなかったのだろう。

（思考が追いつかず、今のこの状況が理解できていないのでは）

華菜江は女性が愛犬をかわいがり、つねに最善と思われる治療を選ぶのをこれまで見てきた。

また、子宮蓄膿症という病気についても、もちろんよく知っていた。

だが、あえて「演技」をすることにした。獣医療を提供するチームの一員ではなく、飼い主と同じ立場に立ち、次のような質問を獣医師に投げかけたのだ。

「先生。もし、この状況をそのまま放っておいたら、このコどうなっちゃいますか？」

「そうですね、命にかかわります」

素朴《そぼく》すぎる問いに、獣医師もとっさにストレートな答えを口にしたようだった。

すると、情報過多になっていた女性の頭の中で、たちまち考えるべきポイントが整理された。

「命にかかわる」と「すぐ決断して手術」を天秤《てんびん》にかけたのだ。ならばどちらがよいのかは明白だ。

「手術してください」

女性は迷わず回答した。

一歩下がったところから、獣医師と飼い主と動物を見て、全員が理解し、納得できる状況を見極める。それは動物看護師だからこそできる仕事だった。

「嘔吐をくり返している」

と、女性が連れてきたミニチュア・ダックスフンド。名前はカヌレ。吐《は》き続けているという症状を聞き、異物誤飲を疑った獣医師が、超音波検査でおなかの中を見たものの、何もつまっていないようだ。血液検査では炎症《えんしょう》反応の数値が少し高くなっている以外には、大きな異常は見つからず、獣医師も華菜江も首をひねった。しかし、この吐きっぷりはただごとではなく、さらなる検査、処置のため入院させることになった。

診察が終わると華菜江は、入院用のケージにカヌレを入れた。ケージの扉をはさんで、カヌレと二人きりになる。

(ん?)

その時、華菜江の鼻が何かをとらえた。匂いがする。それも、どこかでかいだことのあるような。

(何の匂いだ?)

考え続けるものの、なかなか思い出せない。そしてようやく、脳の引き出しにある記憶と、目の前の匂いが一致《いっち》した。

(揚げ物屋さんの匂い! もしかして、膵炎《すいえん》?)

次の瞬間、ハッとして、待合室へ急いだ。そこには診察室を出て話している、女性と獣医師の姿があった。華菜江は二人に話しかけた。

「飼い主さん、何か油っこいものを盗み食いされていませんか？　そう、揚げ物とか。先生、カヌレちゃんから強い油の匂いがします」

「そうか。じゃあすぐに膵炎の検査をしよう」

獣医師はうなずいた。

診断キットを使って血液検査をすると、はたして華菜江がにらんだとおり、膵炎の可能性を示す判定結果が出た。

膵炎は膵臓《すいぞう》内の消化酵素《こうそ》が急激に活性化され、膵臓自体が消化されて炎症を起こすもので、周囲の臓器にも炎症が広がり命にもかかわる怖《こわ》い病気だ。原因が不明なことも多いが、油分の多いものを食べて発症することがある。から揚げや天ぷらなどの揚げ物、またはそうした料理に使った揚げ油を、うっかり食べられてしまわないよう注意が必要だ。

しかし、カヌレが油を口にしたかどうか女性にたずねても、心当たりがないという。犬が言葉をしゃべらない以上、真相は永遠に闇《やみ》の中となった。とにもかくにも華菜江の五感が役立った、不思議なエピソードではある。

そして何より、華菜江が診察室に同席し、獣医師と飼い主の会話から状況を把握《はあく》していたからこそ、油の匂いという「異変」に気づけた出来事だった。

診察を終えると、受付で薬を渡し、会計となる。ここから別れるまでが、じつは華菜江が飼い主ともっとも会話を交わすタイミングだ。獣医師がいったことで特に重要な点をもう一度伝えたり、覚えてもらう内容が複雑であれば紙に書いて渡すこともある。

そして、飼い主の疑問が出てくるのが、病状や治療、薬の説明もすべて受け終わった、この最後の段階なのだ。

愛犬の下痢《げり》で来院した飼い主。処方されたのは、整腸剤《せいちょうざい》が1週間分と、下痢止め薬が3日分だ。帰りぎわになって、飼い主の頭に、ふとこんな疑問がわく。

「4日目になって下痢がまだ続いていても、整腸剤を飲ませ終わるまでは様子を見たほうがいいですか?」

獣医師にとっては、説明するまでもないと思ってしまうようなことでも、飼い主にはわからないこともあるものだ。

「3日分の下痢止めを飲んでも止まらなければ、その時点でまた来てくださいね」

華菜江にとっては薬の知識も問われる、ちょっぴり緊張する瞬間だ。

「てんかんの犬、私が預かります」

華菜江は困っている人を見ると、「どうにかしてあげたい」「何でもやってあげたい」と思ってしまう、情に厚い性格だ。日ごろから飼い主と多く話す時間を持つことで、飼い主と親密になり、感情移入がさらに深まる。その結果、まわりが驚く行動に出ることもあった。

小型犬サイズの雑種のメス犬がいた。名前はチッチ。

チッチは1歳の時、華菜江の病院で真性てんかんと診断された。てんかんには、脳に問題があり発症するタイプもあるが、真性てんかんの場合は、検査をしても異常は認められず、遺伝的な要因が関係することもある。

てんかんの発作では、脳が異常な興奮状態となり、全身のけいれん、意識を失う、体の一部が無意識にピクピク動くなどの症状が出る。

獣医師は手を尽《つ》くして治療にあたり、大学の附属《ふぞく》病院や、脳の専門医に紹介状を書いて診《み》てもらったこともある。だが、誰《だれ》がどうやっても発作を止めることはできなかった。

発作は気まぐれにやってくる。しばらく症状が出ないと思いきや、10日間連続で起きることもあった。

華菜江は、女性が来院するたび話しこむようになった。

発作が起きれば夜中でも起きて見守らなければならない。いつ起きるかわからないから、おちおち風呂《ふろ》にも入れないだろう。治療したのにまた発作が起きれば、「ダメだったのか」と精神的なダメージも強く、毎回そのくり返しなのだ。女性はけっして弱音を吐いたりしなかったが、家での壮絶《そうぜつ》さは手にとるようにわかる気がした。

「先生、お母さんが少しでも安心できる要素をつくってあげることはできないんですか。ストレスがたまって、飼い主さんが面倒をみられなくなったら、チッチちゃんはどうなっちゃうんですか」

そう何度も涙《なみだ》ながらに訴《うった》えたこともあった。だが、獣医師も考えられる手はすべて打ってきたのだ。

そこで華菜江は策を講じた。

(私が一晩でも、チッチちゃんを預かってしまえばいいんだ。いったん、チッチちゃんとお母さんを引き離《はな》そう。お母さんがしっかり眠《ねむ》れる時間をつくろう)

院長の高矢の許可をもらい、ついに女性に申し出た。つかのま解放されると喜んでもらえるかと思いきや、

「いえいえ、関口さんが寝《ね》られなくなってしまいますし、そんなことお願いできません」

と、華菜江を気遣い、断ろうとする。だが華菜江にとっては、これが唯一かつ最善の策。引っこむわけにはいかないのだ。問答無用とばかり、なかば強引に預かる約束をとりつけてしまった。

決行の日時は病院が休みとなる、日曜日の午後から月曜日の夕方までと決まった。

約束した日曜日の昼時。チッチを連れて、女性が姿を現した。手にはお泊《と》まり用にと用意してきた、いつもそこで寝ているというハウスと、お気に入りのおもちゃ。

「よろしくお願いします」

深々とおじぎをして女性はその場を去った。華菜江はさっそく、チッチと寝泊まりする場所となる院内の処置室に、チッチを放した。

もしチッチが他の病気であれば、犬舎のケージに入れて預かった。だが、てんかんのチッチはそれができない。華菜江が通りがかった瞬間、「出してよ」と興奮し、けいれんを引き起こしてしまうからだ。さらには発作中にケージのすき間に足をはさめば、ケガや骨折をするかもしれない。だからこそチッチを預かるのは、チッチを自由にさせられる病院の休診《きゆうしん》日である必要があった。

発作が起きていない時、チッチは若くて人懐《ひとなつ》っこい、ごく普通の犬だった。

「そーれ、トッテコイ」

おもちゃを投げると、軽やかな動きでとりにいく。

「ちょうだい」

でも、くわえたままで、なかなか放そうとしない。

「あれ。くれないの」

かと思うと、ハウスにのそのそ入りこんで寝たり。もうけいれんなんて起きないのでは。そう思ってしまうほど、平和な時間がすぎていった。深夜になると、ハウスの横に華菜江も長座《ながざ》布団《ぶとん》をしき、毛布をかけて寝た。

午前1時。

バタバタバタバタッ。

ただならぬ音で、突如《とつじょ》眠りが破られた。はげしいけいれんが始まったのだ。

いつも飼い主が病院にチッチを連れてくる時は、けいれんが一時的に治まったタイミングだ。そのため華菜江は、チッチの発作を見るのはこれが初めてだった。

（こんなにひどいんだ……）

待機している高矢に伝えようとした時、チッチはジャーッと失禁した。体が動いているため、おしっこもまき散らされる。

けいれんは1～2分ほど続いただろうか。

（とりあえず体をきれいにしないと）

尿《にょう》で汚《よご》れた体をシャンプーで洗い、ドライヤーで手早く乾《かわ》かした。こうしているあいだにも、2回目のけいれんが襲《おそ》ってくるのではないかと思うと気が気ではない。

興奮は冷めないが、とりあえず横になってみる。ウトウトとまどろみかけたところで、また物音がして飛び起きた。

見ると今度は、同じところをグルグル回る旋回《せんかい》運動を始めた。かと思いきや、次の瞬間、いきなり突進《とっしん》しだした。物や壁《かべ》にぶつかりそうになるのを防ぐため、あわてて体を押《お》さえる。

やがてチッチは動くのをやめ、静かになった。時計を見ると午前3時。最初のけいれんが起きてから2時間が経過していた。華菜江はふたたび毛布をかぶった。

するとまたも、寝返りを打ち、立ち上がる気配。

(今度はなに)

緊張が走る。チッチを見ると、少し離れた場所に設置した犬用トイレに向うところだった。

(よかった。トイレか)

結局その夜は、ほとんど一睡《いっすい》もできなかった。

この体験は、華菜江に驚きと学びをもたらした。

(私は一晩だったけれど、チッチちゃんのお母さんは何日もこんなふうにすごしているんだ。いつけいれんが起きるかわからない怖さに耐え、けいれんや旋回の危なっかしい動きをずっと見ていなければならないなんて、どんなにつらいことだろう)

てんかんという病気の大変さ、そして飼い主にかかるストレスを身をもって知った華菜江は、それ以降も、けいれんが続く時にはチッチをたびたび預かることにした。

「関口さんは、チッチの第2の飼い主さん」

飼い主の女性はいつしか、感謝をこめて、そんなふうにいってくれるようになった。

一晩ではなく、病院の診療《しんりょう》日に、半日だけ預かるようにもなった。もちろん華菜江も普段通り、仕事をしながらだ。

いつけいれんが始まるかわからないから、目を離すわけにはいかない。そこで登場したのが布製の犬用キャリーバッグだ。そこにチッチを入れ、赤ん坊《ぼう》を抱《だ》っこするようにして仕事をこなすことにした。

すると、待合室で飼い主が、ものめずらしそうにたずねてくる。

「そのコ、どうしたの?」

「犬舎にどうしても入れないんです、このコてんかん発作があるので」

そう説明すると、

「あら大変ね。でも、こんなふうにしてもらえるなんてよかったね」

と、チッチに話しかけてくれる人もいた。どうやら他の飼い主も、優しい気持ちで見てくれているようだ。

だが、華菜江がどうしても他の動物の診療補助で診察室に入らなければならない時は、チッチもいっしょにというわけにはいかず、他のスタッフにバッグごと渡して背負ってもらわねばならない。また、休診日に一晩預かる際には、動物看護師をひとりにさせて万一何かあってはいけないため、高矢も終日、病院で待機することになる。

（申し訳ない）

正直、そんな気持ちもあった。だが、どうにかチッチの飼い主の力になりたいとの思いを止めることができなかった。


チッチを預かり、てんかんの犬との暮らしを疑似《ぎじ》体験したことで華菜江は、闘病中の動物を抱《かか》える飼い主の苦労に、より親身になって向き合えるようになった。

やはりてんかんをわずらった、陸という名前のミニチュア・ピンシャー。

「1日3回、8時間おきに、お薬をあげてくださいね」

薬の効き目が切れれば、発作を起こすかもしれないため、薬の間隔《かんかく》は守ってほしい。だが、飼い主の女性にとってこれを実現するには壁があった。女性は困り顔でこう打ち明けた。

「うちは共働きなので、夕方の薬をあげる人がいないんです」

これを聞いて、それまでの華菜江なら、

「何とかできませんか？」

とだけいっていたかもしれない。とにかく薬を飲ませなければ良くならないのだから、こちらの指示を厳守《げんしゅ》してもらうことを大前提にしたいい方だ。だが、今はこう思う。

（獣医療を提供する側は、「こうしてください」というけれど、いわれたほうはたやすく実行

できるとは限らない。ましてや人にはそれぞれ生活があって、そのなかで動物の面倒をみなければならないのだから大変だ）

そこで華菜江は、獣医師の「時間を守って薬をあげてほしい」という指示と、飼い主の「夕方の薬が難しい」との現実問題のあいだに立ち、なんとかみんなが納得できる方法を、辛抱強《しんぼう》く導きだそうとする。

「家は何時に出るんですか？」

「9時です」

と、女性。

「じゃあ、出るギリギリに飲ませてください」

「わかりました、それならできます」

これで、次の薬は夕方5時と、遅《おそ》めでも大丈夫だ。そこで華菜江はこうたずねた。

「5時のお薬には間に合いませんか？」

すると女性は首を横にふった。

「難しいですね。会社も遠くて、通勤時間もかかりますし」

こうなると、やはり夕方の薬を女性にお願いするのは無理そうだ。

華菜江はこれまでの女性との雑談から、中学生の息子がいることを知っていた。この人物にも治療に参加してもらえれば、できることの幅《はば》が広がるはずだ。

「じゃあ、息子さんに手伝ってもらいましょう」

だが、動物は薬を嫌《いや》がるため、飲ませるのは大人でも簡単ではない。女性は、息子に薬を任せることに不安があるといった。

「犬がおいしいと感じる味の、錠剤《じょうざい》をすっぽりつつめるおやつがあるので、それを用意しましょう。お子さんに渡して、『おやつだよ』ってあげてもらってみてください」

「もしくはお金がかかりますが、病院でお預かりしてこちらで飲ませることももちろんできますよ。朝、出勤前に陸ちゃんを預けて、終わったら迎《むか》えにこられますか？」

「他にも、タイマーをセットすれば決まった時間にごはんが出てくる器械に、お薬をいっしょに入れる方法もありますよ」

こうやって、たがいに歩み寄れば、実現可能な道がいつしか見えてくる。

治療は人間のエゴじゃない

動物看護師として働き始めたころは、

（動物のために、何か自分にできることがあればしてあげよう）

そう思っても、入院しているコの顔をふいてあげるぐらいしかできなかった。

だが、経験を積み、一通り看護業務をこなせるようになってある時、ふと行きづまった。

（動物を、無理に生き永《なが》らえさせているだけなんじゃないか）

病院には、治療しても治らないと診断されたコもやってくる。病院を怖がっているのに、診察台に上げ、ガタガタ震《ふる》えながら治療を受けさせる。口をこじあけて薬を飲ませる。ただただ生命維持《いじ》のために、胃ろうで栄養を流しこみ、点滴のためチューブにつないで入院させる。

（本当なら命が絶えてしまっている動物たち。「もう寿命だから」と、それで終わりにしてもよいのではないか。私が日々していることって、本当に動物にとって正解なのか）

悩んだ華菜江は高矢に相談した。すると、こんな答えが返ってきた。

「動物にも、苦しいとかつらいという気持ちはある。でも、『だから死にたい』って思うのは人間だけなんだよ。どんな状態でも、がんばって生きようとする生命力が動物にはそなわっている。自殺するのは人間だけなんだ」

この言葉は華菜江の心に突《つ》き刺さった。

動物は自分で命を絶つことを選ばない。ならば、生きられる方法があるのなら、それを提案しほどこすという自分たちの仕事はまちがっていない。そういう意味がこめられた言葉だと華菜江は受けとった。すると、獣医師をサポートすることで獣医療を提供するという自分のつとめへの、迷いの霧《きり》が晴れていった。

心臓病のため通院している高齢のシー・ズーがいた。心臓の機能が落ち、全身に血液が十分運ばれなくなる病気だ。

心臓病は治すことはできない。ほとんどが、進行するにつれて薬の種類も量も増えていく。咳《せき》をしたり、ひどくなれば呼吸困難におちいったり、胸やおなかに水がたまったり。さらに悪化した場合、日帰りではなく、入院での治療も必要となる。そうなると飼い主は、家では1日に何度も薬を与え、月に何度も病院に通わなければならない。そうやって動物と飼い主は病気と向き合っていくのだ。

ある日。主治医である高矢が検査のため診察室から出ていくと、飼い主の女性がポツリと口にした。

「嫌がっているのに、薬を飲ませるのがかわいそうで。その姿を見ていると、『もう、飲ませないほうがいいんじゃないか。私のわがままで延命させているだけなんじゃないか』って、思ってしまうんです」

治療を実際にほどこす獣医師が、いないタイミングだからこそこぼれた女性の本音だった。

華菜江はとっさに、あの言葉を伝えた。

「自殺するのは人間だけなんですって。痛いとかつらいとか苦しいっていう気持ちは、動物も同じだと思うんです。それでもごはんを一生懸命《いっしょうけんめい》食べていたりするじゃないですか。動物たちは『死にたい』より『生きたい』なんだと思うんですよね。だから、飼い主さんのしていることは、けっしてまちがっていないと思うんです」

心に届くものがあったのだろう、女性は涙ぐんだ。場の空気がしんみりとした瞬間、高矢がもどってきた。

「ね、先生。そうおっしゃってましたよね」

「えー、そんなこといったかなあ」

高矢が照れながら笑うと、診察室がおだやかな空気につつまれた。女性も、まだ潤《うる》んだ目で笑った。


待合室はいつもにぎやかだ。

受付に華菜江がいると見るや、

「来ましたぁ」

と、動物をカウンターの上にドーンとのせ、華菜江にあいさつさせるのも、ここではごく当たり前の光景だ。

「ちょっと来てー」

受付カウンターから飼い主に直接よびだされ、動物について、果ては動物や病気と何の関係もない、飼い主の個人的なことまであれこれ相談を受ける。たいていは長話となり、それは獣医師に診察室から順番をよばれるまで続く。

和気藹々《あいあい》、フレンドリー。そんな空気は、飼い主同士も仲良くさせるのだろう。飼い主と華菜江のおしゃべりにつられるように、両隣に腰かけた人たちも自然と会話に参加し、笑い合う。

飼い主の腕に抱かれているのは、今この瞬間旅立っても不思議ではない重い病気の動物なのに、だ。

「病院という命を扱《あつか》う現場には、不似合いではないですか」

初めて来院した飼い主に、叱《しか》られてしまったこともある。初対面の人の気持ちに配慮《はいりょ》せず、さわがしくしてしまったことは反省だ。

だが、華菜江には大きな目標がある。

（動物が飼い主さんのもとからさようならをする時に、飼い主さんが、笑ってくれること――）

専門学校のしつけ科に入学する際に迎えいれ、いっしょに年月をすごしてきた愛犬のさくらは、じつによく、人の顔を見る。

「さくらちゃーん」

華菜江が怒《おこ》っている時には、いつもと同じ声のトーンでよんでもけっして来ない。きっと動物は、一番身近にいる飼い主のことを、つねに見ているのだ。笑った、怒った、悲しんだ……それらはたぶん声だけではなく、表情でも感じとるのだと華菜江は思う。

自分たちが看取る覚悟《かくご》から、腎不全の猫にたいし、苦しみをとることだけしてやりたいと考えた老夫婦。悩みながらもとことん治療すると決めた、心臓病のシー・ズーの飼い主。たとえどんな治療を選択したとしても、動物の心臓がとまるその瞬間、「よくがんばったね。おつかれさま」と、後悔《こうかい》ではなく笑った顔で見送ることができたなら、動物にとってそれが一番幸せなはずだ。

そのための道のりは、100人いれば100通り。そこにマニュアルはない。だから華菜江は待合室で、診察室で、コミュニケーションを深めながら、飼い主を笑顔にする伴走者《ばんそうしゃ》となる。

Story5

がんは金メダル

ゴールの暗い腫瘍科《しゅようか》で希望を与える

外科は獣医療《じゅういりょう》の花形!?

小川賢太郎《おがわけんたろう》はかつて、近所でちょっぴり名の通った犬好き少年だった。

「ねえねえ、犬が飼いたいよ」

「ダメだったらダメだ」

ぴしゃりと父親に拒否《きょひ》されると、

「じゃあ、もういいよ!」

悪びれず外へと飛びだしていく。直行したのはお向かいの家。玄関《げんかん》の呼び鈴《りん》を勢いよく押《お》す。

「おばちゃん、レオちゃん貸して」

「ああ、いいよ」

女性はシー・ズーのレオにリードをつけ、賢太郎に手渡《てわた》した。

「さっ、散歩に行こう」

意気揚々《ようよう》、レオと町へとくりだしてゆく。

でも、一番のお気に入りは、もう一軒《けん》のお宅で飼われているグレート・ピレニーズのポー。

その昔、スペインとフランスの国境にそびえるピレネー山脈で、羊《ひつじ》の群れを守っていたこの犬種は、白い毛に厚くおおわれた巨大な体の持ち主だ。

「ポーちゃん、遊ぼう」

ポーの体に乗ってみる。全身を受けとめてくれる存在感は、賢太郎少年をたちまち夢見心地《ごこち》にさせた。


かくして大の犬好きに成長し、中学生になった賢太郎に影響《えいきょう》を与えたのが、そのころテレビで放映された『向井荒太《むかいあらた》の動物日記　愛犬ロシナンテの災難』。大学の獣《じゅう》医《い》学部が舞台《ぶたい》のドラマだ。

(獣医か。いいなあ)

だが、関心は持ったものの、獣医になるための大学への入学はどこも難関だ。そのせまき門めざして猛烈《もうれつ》に勉強する自分の姿はイメージできなかった。

高校2年生になり、友だちとの話題は、卒業後の進路のことになった。

「お前、どうすんの?」

そうたずねる賢太郎に、友人はこう答えた。

「俺《おれ》はドッグトレーナーになりたいな。今度、専門学校のオープンキャンパスがあるから、いっしょに行かねえか?」

友人は学校のパンフレットをとりだすと、賢太郎に見るようにうながした。トレーナーに興味はなかった賢太郎だが、何気なくページをめくっていくと、「動物看護コース」という文字が目に入った。

(ん?　何だこりゃ。とりあえず見学に行ってみるか)


オープンキャンパスの日。専門学校に着くと、友人は目当てのドッグトレーナーコース、賢太郎は動物看護コースへと二手に分かれた。ふと見渡すと、まわりは女子高校生ばかり。

(男は俺だけか。アウェーだな)

ちょっぴり居心地《いごこち》の悪さを感じかけた時、近寄ってきたのが、この日案内役をつとめていた男性だった。彼《かれ》は自分が、この学校の動物看護コースの学生だと名乗った。

「犬の体温って、どこで測ると思う?」

そんな問いを出しながら、なぜか賢太郎にずっとついて説明してくれる。

(動物に詳《くわ》しいし、頼《たよ》りになるし、プロって感じ)

親切でカッコいい男子学生の姿に、賢太郎は未来の自分を重ね合わせていた。

(動物看護師なら、大きなくくりでいえば獣医師と同じカテゴリーに入るはず。よし、この仕事をめざそう)

生まれて初めて接した動物看護師の卵に、なかば導かれるように、賢太郎は将来へと踏《ふ》みだした。

オープンキャンパスの時から気づいてはいたが、ここまでひどいとは予想していなかった。男子学生の少なさだ。クラスメイト40人のうち、男子は5人。ちなみにこのうち卒業後、実際に動物看護師になったのは、賢太郎をふくむ2人だけだ。

動物病院により大きく異なるが、動物看護師の待遇《たいぐう》は、全般的に恵《めぐ》まれているとはいいがたい。座るひまもなく動きまわり、急患《きゅうかん》の対応に追われることもある業務に見合った金額とはいえないのが現状だ。そのため男性が動物看護師になりたくても、「家族を養ってゆくのは難しい」と、みずから見切りをつけてしまうケースも多い。

だが、そんなことでひるむ賢太郎ではない。

（じゃあむしろ、ラッキーなんじゃないか。人がしていないようなことをする、飛びだした存在になれれば、めずらしい男性動物看護師ということで、より目をつけてもらえる）

もともと性別問わず、人が好き。萎縮《いしゅく》するどころか、軽音部にも所属して、学生生活を謳《おう》歌《か》した。

さて、獣医療の世界にも、眼科や皮膚《ひふ》科など、人間の医療同様さまざまな診療《しんりょう》科がある。なかでも賢太郎があこがれたのが外科だ。外科では動物看護師は、手術中に器具を獣医師に手渡したり、動物が安全な状態で麻酔《ますい》にかかっているか確認したりといった、いわゆるオペ看とよばれる役割を担う。

（獣医師といっしょになって、自分の手で動物を治している実感がえられそうだ。やっぱり外科は、医療の花形だよな）

いつの日か、オペ看として活躍《かつやく》する姿を夢見ながら、外科の実習の授業ではひときわ熱心にとりくんだ。

2年生になると、学生たちは動物病院で実習をするため、学外へと飛びだしていく。実習生という形で、初めて現場に出て仕事を体験するわけだが、実質的に就職活動の機会となっていた。実習を通して学生と病院側がたがいのことを知り、両者が納得すれば面接へと駒《こま》を進め、採用が決まるという流れだ。

賢太郎が目をつけたのはKセンター。多くのスタッフをかかえる地元の大規模病院だ。

（飛びだした動物看護師になるためには、他の人と同じ成長の仕方をしていたらダメだ。とにかくたくさんの症例《しょうれい》が見られるところで働きたい）

Kセンターで実習に励《はげ》み、面接を願いでた。聞けば30年以上の歴史があるこの病院で、これまで男性の動物看護師はひとりもいなかったという。採用が決まり、ついにKセンター史上記念すべき、男性動物看護師第1号が誕生した。

腫瘍《しゅよう》の認定医に弟子《でし》入りを願いでる

働き始めて1か月たったころ、パルコという名前のゴールデン・レトリーバーを、たびたび見かけるようになった。がんをわずらい、来院のたびに抗《こう》がん剤《ざい》治療《ちりょう》を受けているようだった。

少年時代、グレート・ピレニーズのポーと仲良しだった賢太郎は、大人になっても大型犬が大好きだった。大型犬のパルコは、性格も良く、誰《だれ》にでもフレンドリー。

(治療をがんばっている。すごくいいコだな)

駆《か》けだしの新人だったため、病気や治療の詳しいことはわからなかったが、状態はかなり悪いようだった。ほどなくしてパルコは病院で息を引きとった。

亡くなったパルコの体をきれいにする、エンジェルケアを担当したのは賢太郎だった。シャワーで洗って汚《よご》れを落とし、心をこめてブラッシングして、ゴールデン・レトリーバーの流れるような黄金の毛並みをよみがえらせた。

駆けつけた飼い主は、紳士然《しんしぜん》とした人物だった。闘病《とうびょう》から解放されたパルコを、賢太郎は紙の棺《ひつぎ》に納め、男性に返した。

それまでも、病院で動物が亡くなり、エンジェルケアをしたことはあった。だがその時、初

めてこらえきれない気持ちになり、

（動物看護師が泣いてはいけない）

と思ったけれど、男性の前でポロポロと涙《なみだ》をこぼした。

その様子を見て男性は、賢太郎を新人獣医師だと思ったのだろう、こう声をかけた。

「君は立派な獣医さんにおなりなさい」

賢太郎は棺を車まで運んだ。悲しくはあったが、その時はそこで、終わった出来事と思ったのだったが……。


Kセンターに、毎週火曜日になるとやってくる獣医師がいた。

（週に一度だけ来る先生もいるんだ。実際のところ、何をやっているのかな）

その人物の名前は林《はやし》光児《こうじ》。フリーランスの腫瘍の認定医として、複数の動物病院で非常勤として働いていた。腫瘍の認定医とは、正式には獣医腫瘍科認定医とよばれ、動物の腫瘍の学術団体である日本獣医がん学会により、腫瘍診療のハイレベルなプロフェッショナルとして認定された獣医師のことをいう。Kセンターでは林が出勤する火曜日に限定して、予約制で腫瘍科を開設しているのだった。

（そういえばパルコちゃんはがんで亡くなったけれど、いったいどんな病気だったんだろう）

賢太郎の足は、病院の倉庫へと向かった。保管された過去のカルテの束をとりだすと、パルコのカルテを探し当てた。

何枚にもおよぶそれには、パルコの生々しい闘病ヒストリーが刻まれていた。

（リンパ腫《しゅ》という種類のがんで、抗がん剤の治療を進めていって、この時点から調子が悪くなっていったのか……）

食い入るように、カルテを読みふけった。


この日を境に賢太郎は、腫瘍科に興味を持つようになる。何といっても魅力《みりょく》的だったのが、腫瘍科では学生時代に花形とあこがれた、外科の治療が頻繁《ひんぱん》におこなわれるらしいことだった。知れば知るほど、腫瘍科に深くかかわってみたいとの気持ちがわいてくる。

働き始めて3年目、賢太郎はあたためていた構想を、思いきって直属の上司である動物看護師長にぶつけてみた。

「ちょっと前から考えていたのですが、腫瘍科の担当動物看護師になりたいんです」

獣医療では、林のように特定の診療科に特化した働き方は特殊《とくしゅ》だ。世の中には各科目で高度な診療をおこなう大学附属《ふぞく》病院や二次診療病院なども存在するが、ごく一部だ。大多数を占める一般的な動物病院では、獣医師はそれぞれ得意分野を持っていたとしても、科を選ばずオールマイティに対応する。その獣医師のサポートをする動物看護師も同じだ。そのため賢太郎が申し出た腫瘍科担当動物看護師という存在は、少なくともKセンターでは前例のないものだった。

師長の力添《ぞ》えもあり、院長からの承諾《しょうだく》もえることができた。腫瘍科担当になるイコール、林と組むということだ。あとは林にお願いし、意向を聞くだけとなった。

「腫瘍科について、先生のサポートをしたいんです」

林はこう口を開いた。

「ついてくれるのはありがたいが、俺が求めるものはすごく多いぞ。いっぱい勉強もしなきゃいけないし。そこにお前がついてこられるかどうかだ」

「はいっ、がんばります」

めでたく弟子入りを認められ、外科への憧憬《しょうけい》で頭がいっぱいになっていることに気づいたのだろうか、林はこういい添えた。

「全面的な俺のサポートも大事だが、俺とお前はフィールドが違《ちが》う。俺は病気を治すが、お前は飼い主を支えるのが仕事だ。甘《あま》っちょろいもんじゃないぞ」

賢太郎は林のもとで、腫瘍科担当動物看護師として研鑽《けんさん》を積んだ後、腫瘍の認定医が開院したS動物病院、そしてSセンターへ転職した。みずから身につけた腫瘍科という専門性を武器に、獣医師たちから望まれる人材へと成長していったのだ。

S動物病院では動物看護師のトップである動物看護師長に、現在勤務するSセンターでは、やはり腫瘍の認定医であるセンター長の正岡久典《まさおかひさのり》の右腕《みぎうで》として、獣医師と動物看護師をサポートし、病院の経営にもたずさわるマネージャーをつとめる。ただし役職に就いてもKセンター時代と変わらず、診療の現場で今日も、がんの動物とその飼い主を支え続けている。

また、私生活では結婚《けっこん》して一児の父となり、人生でもより大きなステージへと前進している。日本ではまだまだ少ない男性動物看護師として、働き方、生き方をきり開いている。

ここからは、林に鍛《きた》えられたKセンターを出発点に、3病院での奮闘《ふんとう》ぶりをつづってゆく。

「お大事にどうぞ」は安易にいえない言葉

飼い主を支える大切さを林がいいふくめたそのわけを、腫瘍科にたずさわるようになった賢太郎は痛感《つうかん》することになる。

人間の世界では、がんはかつては不治《ふじ》の病とされたが、現代では医療の進歩により、早く手を打てば治る病気ともいわれる。それは犬や猫《ねこ》でも同じだが、いくつかの理由から人にくらべて早期発見が難しくなっていた。

まず、これはがん以外の病気にもあてはまることだが、動物は言葉を話せないため、異常を感じても訴《うった》えることができない。そのため飼い主が、「様子がおかしい」と病院に連れてきた時にはがんがすでに進行していることが、人より圧倒的《あっとうてき》に多い。

人の場合、定期的な健康診断《しんだん》や、がん検診《けんしん》でがんが見つかるケースもよくある。動物病院でも健康診断メニューを設けているところはあるが、受診率《じゅしんりつ》は人より低く、発見の機会も少ない。

人のがんのメジャーな検査法に腫瘍マーカーがある。腫瘍ができると血液中に特定の物質が増えることから、それを手がかりに、がんの種類や発症《はっしょう》場所、進行の程度などを判断するというものだ。だが、犬・猫の腫瘍マーカーは現在開発中で、人ほど精度の高いものは今のところ実用化されていない。そのため、やはり人にくらべて適切な診断や治療が進めにくいということもある。

犬と猫のがんの三大治療は、人と同じく、外科手術、抗がん剤による化学療法《りょうほう》、放射線治療だ。

早期のがんなら手術で腫瘍をとりきれたものが、すでに周辺組織に広がったり、転移していれば、手術という選択肢《せんたくし》が適応できなくなる。また、手術も放射線治療も、動物の場合は動かないよう、かならず全身麻酔をかけておこなう必要があるのだが、がんが進行し動物の衰弱《すいじゃく》が進んでいると、麻酔に耐《た》えられないことから治療自体を断念しなければならないこともある。放射線治療は、その施設《しせつ》をそなえた病院自体少なく、また、治療を受けるためには週に5日、4週間など、何度も通うか入院させなければならない。そのうえ費用も非常に高額とあって、現実的に手が届く人は少数派だ。このように、発見が遅《おく》れることで打てる手が減ってきてしまうのは、治療する側としては痛いところといえた。

こうした事情から、動物病院の腫瘍科というのは動物のほとんどが、治療しても大きな回復が見込めない、ゴール地点が非常に暗い科となっているのだった。

病院では、診療を終えた飼い主を「お大事にしてください」と送りだす。たかがあいさつ、かもしれない。だが、腫瘍科のシビアな現実を知るにつれ、賢太郎は、いつしかこんなふうに思うようになっていた。

(見通しが悪いと告げられた飼い主さんに、安易な気持ちでいってはいけないんじゃないか。がんという病気のこと、その動物の病状も理解し、今後どう支えればいいのか、自分のなかで納得できてこそ気持ちをこめていえる言葉のはずだ。これでいいのかなって、あいまいな気持ちで「お大事にしてください」なんて、僕《ぼく》はいえない)

猛《もう》勉強の日々が始まった。賢太郎がまたも向かったのは、院内の倉庫だ。今回はパルコだけでなく、過去に腫瘍科にかかっていた動物たちのカルテをすべて引きずりだした。

(こういう時は、こんな治療から入っていったんだ。亡くなった時の状態は……)

病状の変化、ほどこした治療とその効果。闘病の経過がわかるカルテは賢太郎にとって、どんな教科書より信用できる教材だった。カルテをめくりながら、過去の動物たちの様子を、まるで記録映像を見るように脳内で再生していった。

(いろんなことを教えてくれる。亡くなったコたちにも感謝しなければいけない)

「芦名《あしな》レイチェルちゃんはこの術式でいくから、マスターしてこい」

術式とは手術の方式のこと。林からこう知らされると、手術中に手際よく器具が渡せるよう、時間を捻出《ねんしゅつ》して本を読み手順を覚えた。林の要求に応えようと必死だった。

がんの代表的な治療法である抗がん剤治療についても勉強した。

抗がん剤には複数の種類があり、注射なのか飲み薬なのかといった投与経路、起こりうる副作用などもそれぞれ異なる。

抗がん剤治療は、プロトコールに沿って進められる。プロトコールとは、どの抗がん剤をいつ、どれぐらいの量、投与するかを、腫瘍の種類やステージごとに定めた治療計画だ。賢太郎は一つひとつの抗がん剤はもちろん、このプロトコールについても頭に叩《たた》きこんだ。

検査室から大ブーイングを受ける

火曜日のみ開設されるKセンターの腫瘍科だが、賢太郎の事前準備は、診療日の2日前、つまり日曜日から始まる。

ここでも重要な手がかりを示してくれるのがカルテだ。一日の診療を終えた賢太郎は、明後日《みようごにち》に来院予約の入っている動物のカルテを棚《たな》からピックアップして、穴が開くほどじっくり読む。読み終えたころには、ほとんど暗記しているほどだ。

動物がどの種類の腫瘍をわずらい、どういう治療をしてきたか。ならば、2日後の診療日、林はどんな治療をすると考えられるか。頭の中で賢太郎なりの明日からのプランを立てておく。

そして前日。

(椎野《しいの》ネネちゃんは、前回から継続《けいぞく》して抗がん剤治療。プロトコール通りで、次はこの抗がん剤だから、と)

冷蔵庫の扉《とびら》を開き、抗がん剤の在庫があることを確認する。抗がん剤が点滴《てんてき》で投与するタイプのものなら、点滴の装置をセットして、すぐに開始できる状態にしておく。

(鈴江《すずえ》ワビスケちゃんは、副作用で嘔吐《おうと》している。ならば今回は抗がん剤の投与を一回休む可能性があるな)

明日の展開についてめいっぱい予想を立てるのは、獣医師から指示が出る前に最大限の準備をしておき、指示が飛んだと同時に動き始めるためだ。すると獣医師は効率よく治療にとりかかれ、その結果、診療はスピーディにまわる。

(そうすれば、1頭でも2頭でも、多くの動物が、早く診《み》てもらえることにつながるはずだ)

腫瘍科の診療で、毎回おこなわれる検査の一つが血液生化学検査だ。この検査では、血液にふくまれる物質の種類や量を測定することで、肝臓や腎臓《じんぞう》など臓器が正しく機能しているかどうかを知ることができる。どの物質を調べたいかにより検査項目《こうもく》が異なっており、獣医師がそのつど、知りたい項目を選んで指定する。

林は、異常を見逃さず、臓器の状態を幅《はば》広く調べるために、いつも決まった13項目を指定することが多かった。この13項目のセットは、スタッフのあいだで林スクリーニング、略してハヤスクとよばれていた。スクリーニングとは、異常をふるい分けるために、すべての患者《かんじゃ》に共通しておこなう検査のこと。ハヤスクは項目数が多いぶん、検査には手間と時間がかかることになる。

血液生化学検査については、一度、失敗をやらかしてしまった。

Kセンターには検査室があり、動物看護師が毎日交替《こうたい》で検査室担当にあたっている。血液生化学検査の場合は、処置室で動物から採取された血液を検査室に持ってゆき、そこで検査して結果を出してもらうという流れだ。

毎回診察《しんさつ》が終わり、林から検査項目の指示が出るたびに検査担当に依頼《いらい》していたところ、検査室はパニックに。ついに大クレームが来てしまったのだ。

「こっちだって忙《いそが》しいんだし、腫瘍科の検査だけやってるわけじゃないんだから、予約で誰が来るかわかっているんだったら先に教えてよね」

(いやいや、来る動物はわかっているけど、検査項目は来院してからじゃないとわからないよ。……いや、待てよ。よく考えたらこれ、ある程度わかるな)

よほど快方に向かっている場合でもない限り、どの動物も、おこなわれる血液生化学検査は基本的にすべてハヤスクだ。そこで、「4時　佐藤《さとう》チョコちゃん　ハヤスク」といった具合に、当日、ハヤスクが来る時間を記入した表を作成し、前日のうちに検査室に渡して根まわししておくようにした。

腫瘍科にかかった動物は、火曜日以外の日には主治医の林から他の獣医師に引き継《つ》ぎがなされており、動物の状態が急変したり、気になることがあれば、もちろんいつでも来院してかまわない。前回の火曜日の来院では抗がん剤治療ができたものの、それ以後の来院時の様子から、状態が大きく悪化しており治療に耐えられそうにないと推測すれば、「検査するかどうか未定なので、用意はしなくてよい」と、検査室にいっておくようにした。こうすれば、検査担当者の準備が無駄になることはない。

前もって翌日の動きを伝えることで、検査室ともうまく連携《れんけい》をとれるようになっていった。

そしていよいよ、腫瘍科の診療日。

来院した飼い主に受付スタッフが、現在の状態を知るために問診《もんしん》をとる。記入された問診票に急ぎ目を通してから、賢太郎は待合室へ出ていく。問診票とカルテの情報をもとに、前回の診療からの1週間について、掘《ほ》りさげて聞くためだ。

これは賢太郎に任された重要な任務だ。だが、最初からうまく情報収集できたわけではない。

「山根《やまね》シロちゃん、吐《は》き気があるそうです」

飼い主からいわれたことを、そのまま林に伝えたところ、

「吐き気は何回あったのか。1週間前からあったのか、その時とくらべて今はどうなのか。ちゃんと聞いて、1週間のヒストリーをひもとかないとダメだ」

と、間髪《かんはつ》をいれず怒《おこ》られてしまった。

賢太郎が待合室に行くのは、動物の様子を直接見て、確かめるためでもある。だがここでも、異常を見逃しては林から叱《しか》られた。

「この呼吸を見ておかしいと思わないのか？　前回との変化に何で気づけないんだ」

「すみません、確認不足でした」

初めて林に「腫瘍科の担当動物看護師になりたい」と申し出た時、「大変だぞ」と、林は釘《くぎ》を刺《さ》してきたのだったが、その言葉に嘘《うそ》はなかった。

比較して異変に気づけるよう、賢太郎は動物の普段《ふだん》の様子もよく観察するようにした。

いつもは待合室でも緊張《きんちょう》せず、落ちついてすごせるポメラニアンのココネの呼吸がやや荒《あら》いことに気づいた。体の中で、何らかの異変が起きているのだ。賢太郎の頭には、いくつかの候補が浮《う》かぶ。

まずは腫瘍が肺に転移している可能性がある。もしくは抗がん剤の副作用である骨髄抑制《こつずいよくせい》が

起きているのか。骨髄抑制とは、骨の中心にある骨髄という、血液を作る組織の働きがさまたげられた状態を指す。骨髄抑制が起きれば免疫力《めんえき》が下がるため、その結果肺炎が引き起こされたか、体がだるく感じられ、それが息遣《づか》いに現れているのかもしれない。

賢太郎はいくつか質問をしてみる。

「寝《ね》られていますか？」

すると飼い主はこう答えた。

「いつも体の右側を下にして寝るのが好きなのに、やたらとうつぶせの姿勢をするようになりました」

（ならば、右の胸部に違和感《いわかん》があるのかもしれない）

飼い主から聞いた内容に、賢太郎の推測をくわえて林に報告する。

「3日ほど前から呼吸が荒いそうです。片側の胸部に違和感が出ているようなので、肺転移の可能性を考えて、レントゲンの撮影《さつえい》をおこないますか？」

検査の結果を最初に確認するのも賢太郎だ。

雑種犬のマチルダ。こちらも腫瘍科では必須となっている、完全血球計算とよばれる血液検査をすると、骨髄抑制が出ていることがわかった。この検査結果をもとにして、「獣医師はこうするだろう」と予想した治療プランを伝える。

「マチルダちゃんの血液検査の結果が出ました。骨髄抑制が考えられるため、今回は抗がん剤の投与を見送り、骨髄抑制にたいする薬剤《やくざい》を投与する方向でいいですかね」

するど、

「はい、その通り」

と、林との息も合ってきたようだ。

このように、飼い主への聞きとりや検査結果から、先回りして判断材料を集め、どんな検査や治療ができそうか考えるのは、獣医師が最短ルートで方針を決めて動けるよう、道をつくるためだ。もちろん最終的には獣医師がすべて確認、判断するが、これをもし、獣医師が診察室で飼い主と対面してからひとつずつおこなっていては時間がかかってしまう。賢太郎のアシストにより、獣医師が診察室に入ってゆくときにはすでに、頭の中で仮の治療方針が決まっているのが理想だ。

だって犬も猫も家族なんだから

「がんです」と告げられた後、飼い主は獣医師から診断結果と今後の治療について、詳しい説明を受ける。治療方法にはたいてい複数の選択肢がある。それらを獣医師がひと通り提示し終えると、飼い主に考える時間を持ってもらうため、その日は帰宅し、答えを出してから再度来院してもらう。

がんだと宣告された瞬間《しゅんかん》、冷静でいられる飼い主はいない。愛する動物ががんになった。これだけでも飼い主を苦しめるのに十分なのに、追い討《う》ちをかけるように、治療法を選ばなければならないという現実が待ち受ける。

治らないのに、数か月の延命のために治療を受けさせるのか。抗がん剤治療をすれば食欲が落ちたり吐いたりといった副作用が出て、いつも通りの生活が送れなくなるかもしれないが、その姿を見ることに耐えられるのか。迷う気持ちがからみ合うなか、決断をせまられる心理的負担は深刻だ。

帰りの車の運転が危ぶまれるほど、ショックを受ける人もいる。そんな時、「二人きりで話してこい」と、獣医師によびだされるのが賢太郎だ。

獣医師が出ていくのと入れ替《か》わるように、賢太郎が診察室に入ると、そこには茫然自失《ぼうぜんじしつ》した女性の姿がある。ケージに入れられているのはジャーマン・シェパード・ドッグのミミ。年齢《ねんれい》は12歳《さい》と、大型犬ではかなりの高齢《こうれい》だ。

女性はたった今、こんな話を投げかけられたばかりなのだ。

検査の結果、多中心型リンパ腫《しゅ》という、体表のリンパ節が腫《は》れるがんと判明した。全身のリンパ節にも広がっており、手術でとりのぞくことはできない。何もしなければ生きられる期間はあと2か月。抗がん剤治療で進行を遅らせることはできるが、長くても1年ほどと考えられる。副作用の出方は個体差があるが、高齢ということもあり、ミミにはがんばってもらわないといけないだろう――。

色を失った女性と向き合って座り、賢太郎はこうきりだしてみる。

「どうですか？　今、先生と話してみて」

「いや、ちょっと……。頭がまわらないですね、急すぎて、ぜんぜん、考えられないです」

そういうと、涙を流し始めた。だが、賢太郎としてはそれでいいのだ。泣いて、気持ちを一度リセットしてもらえればいい。今の時点では、先のことは何も考えられない状態だ。その後ろに向いたベクトルを、何とか徐々《じょじょ》に前向きにもっていくのが賢太郎の仕事だ。

一呼吸おいて、こう言葉を差しだす。

「そうですよね。先生からこんなに急にたくさんいわれても、混乱してしまいますよね。でも先生も、お母さんのことを傷つけようとしていったわけではなく、ありのままを伝えないといけないのが獣医師の仕事なので、治療法をご提案させていただいたんですよ。すごく知識も腕もある先生なので、そこはご安心ください」

不安でいっぱいになった女性にたいし、「大変ですよね」と気持ちを受けとめる。そのうえで、こんなふうにも話してみる。

「先生もおっしゃいましたが、ミミちゃんの年齢と負担を考えて、『何もしない』という選択肢もあるんですよ。何もしないといっても、もちろん、がんにたいして治療をしないという意味です。痛みが出れば痛み止めの処置をするし、がんによって現れる症状《しょうじょう》にそのつど治療をおこないながら、おだやかに生活させてあげるという考え方です。

どんな治療をするにしても、飼い主さん家族が考えぬいて選んでくれた治療が、ミミちゃんにとって一番です。だから、どうしたいかを決めたら、それを私たちに教えてくださいね」

しゃくり上げていた女性が、いつしか泣きやみ、顔を上げている。

賢太郎が伝えるのは、

（飼い主さん家族が、そのコのことを思って決めた治療が何より一番。家族が選択したその治療を、自分は全力で支えてゆく――）

との、動物看護師としての覚悟《かくご》をはらんだメッセージだ。賢太郎の話を聞き、女性のなかに少しずつ、「治療に前向きになろう」との気持ちが芽生えていく。


がんだといわれ、気が動転した状態で獣医師から治療の説明を一気に聞かされる。すべてをその場で理解できなくても無理はない。なかには、何をいっても上《うわ》の空、という人もいる。

「うちのコが死ぬなんてありえない」と思いこみたいがゆえに、あえて聞かないようにしているのか。

「手術のリスクについて、お母さん、聞いている感じがなかったから、もう一回説明しておいて」

獣医師から指示が飛び、賢太郎はまだ飼い主の残る診察室へと足早に向かう。

飼い主に強くお願いするのが、家族で結論を出してもらうこと。そこは譲《ゆず》れないというのが、賢太郎の信念だ。

「絶対に急いで判断はせず、かならずご家族のみなさんで話し合って、答えを出してください」

そういって、家族会議を開いてもらうよう説得する。

「明日にでも手術してください」

がんだといわれた猫のジュエル。飼い主の男性が、泣きつかんばかりの口調で懇願《こんがん》してきた。たしかにさっき獣医師は次のように、外科手術による腫瘍の摘出《てきしゅつ》を、治療の選択肢として提案した。だがもちろん、それにまつわる危険性も説明している。

このまま何もしなければ早ければ数週間で亡くなるだろう。時間をかけて抗がん剤治療をおこなっている余裕《よゆう》はない。そのためには腫瘍をとりのぞける手術が有効ではある。だが、すでに全身が弱っているなか手術に臨めば全身麻酔に耐えられなかったり、もし腫瘍がまわりの血管を巻きこんで転移していれば、腫瘍を摘出する際、もろくなった血管から大量出血して、そのまま亡くなってしまうかもしれない。手術中に命を落とす確率は半々ほどかもしれない、というのが獣医師の予測だった。

だが、あせりにかられた男性は、「とにかく助かる道は手術しかない」との短絡《たんらく》的な思考におちいってしまったようだ。

「いやいや、一度この件は持ち帰ってください。お母さんの意見も聞かなくていいんですか？」

男性には、近くにひとり暮らしをしている社会人の娘《むすめ》がいた。

「娘さんにも、電話でいいですから状況を伝えて、どうしたいかいっしょに考えてもらってください。もし説明が難しいようでしたら、私からお話ししますので、病院に電話をください」

家族が話題に出たことで、男性は少し落ちつきをとりもどしたようだった。

そして翌日、妻と娘を連れ立った男性が、賢太郎の前に現れた。

「小川さん。ジュエルの手術の件についてもう一度、私たちに詳しく聞かせてもらえますか」

全員同意のうえで治療を決めてもらうのは、のちのち家族間、ひいては病院側も巻きこまれてのトラブルを避《さ》けるためとの意味合いもある。でも、それよりも何よりも、賢太郎はこう思うのだ。

（だって、そのコは「家族」なんだから。家族の今後を左右する治療を、たったひとりの判断で決めてしまうのって、おかしなことなんじゃないかな）

下痢《げり》をしている動物に、整腸剤を飲ませるかどうか悩《なや》む人はいないだろう。だががんの治療は、命をかける治療だ。

（だから悩んで当然だし、悩まないといけないんだと思う）

病気という現実にくわえ、治療の選択まで求められる飼い主の苦悩《くのう》を一番そばで感じながら、だからこそ支える姿勢を、片時も忘れてはいけないと気をひきしめる。


家族への周知をうながすためには、その飼い主の家族構成を知っている必要がある。そこで賢太郎は日ごろから積極的に、家族の情報を集めることにしている。

いつもひとりで来院する人が、同じ年ごろの女性を同行してきた。

「あれ、今日はご友人もいっしょなんですね」

と声をかけてみる。すると、

「友だちじゃなくて、妹なんです」

などと答えが返ってくる。

目の前に現れなくても、雑談から「見えない家族」の存在を把握《はあく》できることもある。

「そもそもこのコとの出会いって、どんなふうだったんですか？」

「じつは娘が拾ってきてね。飼いたいっていうから飼い始めたんですけど、その子も3年前に家を出ました。『自分が一生面倒《めんどう》みるから』っていったのに、結局最初だけでしたね」

といわれれば、

（なるほど、社会人になって離《はな》れて住む娘さんがいるのか。このコにたくさん思い出があって、

愛しているんだろうな)

と、動物との関係性も浮かび上がってくる。

以前はよく、息子と二人で来ていた母親。最近見かけないのは、学業に忙しいのか。

「あれ。息子さんそろそろ受験ですよね?」

「いや、落ちたんで浪人《ろうにん》決定です」

(しまった、いわなきゃよかった)

たまにはそんな失敗もある。


「このコはいつまで生きられますか?」


後ろを向いた心のベクトルを前に向けるため、折にふれ、飼い主と話す時間をつくる。空いている診察室や、待合室の片隅《かたすみ》で。抗がん剤の具体的な副作用や、家でのケアなど、獣医師が説明しきれないところまで細かに伝える。

「人は抗がん剤の副作用で髪《かみ》の毛がぬけますが、犬や猫の場合はほとんど脱毛《だつもう》しません。だからこそ副作用に気づきにくいので、熱がないか体温を測ったり、元気や食欲などの変化に気をつけてください」

「肥満細胞腫《ひまんさいぼうしゅ》というがんは、しこりをさわると炎症《えんしょう》や内出血を引き起こすことがあるので、家族のみなさんにもしこりにふれないよう教えてあげてください」

といった具合に。もちろん、悩みやわからないことがあれば、何でも聞いてもらう。

さて、飼い主からよく受ける質問の一つが、「このコはいったい、いつまで生きられますか？」だ。

そんなことは獣医師にだってわからないのだ。体のあちこちに転移していても長く生きるコもいれば、予想より早く亡くなるコもいる。しかし、それをそのまま答えたところで納得する人はいないだろう。

飼い主の多くはインターネットで病気について調べすぎ、もっとも悪い情報ばかり集めてしまっている。すると将来を悲観し、治療にも後ろ向きになってしまう。

だが、これまで数々のがんになった動物をみてきた賢太郎は、

「ミントちゃんと同じ種類のがんで、2年近くがんばれたコがいましたよ」

と、過去の実例について話すことができるのだ。

腫瘍は、手術でとりきれるのであれば、それが基本的にはもっとも効果の高い治療法だ。だが、腫瘍の種類や場所によっては、足を切断したりと、体の一部を失わなければならないこともある。飼い主は、「生活が大きく変わるのでは」と、心配でならない。そんなときは、

「つい最近、姫ちゃんと同じように、下あごを一部とったコがいたんです。姫ちゃんより切除《せつじょ》範囲《はんい》は広くて、あご全体の3分の2ぐらいでした。初めは少し食べにくそうだったので、飼い

主さんはドッグフードをお湯でふやかしてお団子状にして、手からあげたそうです。しばらくしたら慣れて、ごはんも普通《ふつう》に食べられるようになりました」

と、やはり同じ病気のコのエピソードを伝えて背中を押す。

けわしかった顔が、話を聞くうちにおだやかになってゆく。実際に役立つ情報をえられたということもあるが、同じ病気で闘《たたか》うコの存在は、飼い主にとって大きな励みとなるものだ。

こうやって飼い主を勇気づけているうちに、賢太郎と話すのを楽しみにしてくれる人が出てきた。

「ああ、小川さん、会えてよかったわ」

賢太郎の顔を見た途端《とたん》、安心したように笑顔になる。

ある時、病院に電話がかかってきた。受付担当者がとると、飼い主はこう名乗った。

「幅木《はばき》ルナの飼い主です。腫瘍科でお世話になっています。あのぅ、先生じゃなくて、小川さんと話がしたいのですが」

ありがたい指名を受けることも増え、飼い主との絆《きずな》はますます深まっていった。

賢太郎が家族構成を頭に入れておくのは、看取《みと》りにそなえるためでもある。離れて暮らす家族がいるのなら、動物の病状は前もって伝えておいてもらう。いざとなった時には帰ってこられるかどうかも確認しておいてもらわねばならない。たとえおせっかいと思われようと、そうやって準備しておかなければ、最期《さいご》の日はいつ、訪れるかわからない。

雑種犬のチーズ。15年前に、息子のリクエストでわが家に迎《むか》えたという。年月がたち、息子は立派に成長し家を出て、犬は老い、がんになった。

転移が広がり、すでに飼い主は覚悟を決めていたが、ここ数日で急に元気がなくなった。

(いよいよ来たか)

カウントダウンが始まった。残念だがあと数日で命は尽《つ》きるだろう。賢太郎はこう念を押す。

「息子さんに連絡《れんらく》しておいてください。もしできれば、チーズちゃんにとって大切で大好きな人である息子さんに会いにきてもらって、最期に顔を見てあげてくださいって」

「でも、仕事でちょっと帰れなさそうなんですよね」

「今の状態について電話をしてあげるだけでもいいです。それだけでぜんぜん違いますから」

愛犬が危篤《きとく》とはつゆ知らず、遺影《いえい》やお骨と対面。そんなやりきれないことはないだろう。現実に帰ってくるのは難しくても、事前に知らされているかどうかは悲しみの深さを大きく左右するはずだ。

後日、こんな連絡をもらった。

「あのね、無理だっていってたのに、あの子、終電の新幹線で静岡から帰ってきてくれたんですよ。息子を見て安心したのか、チーズはその日、息を引きとりました。息子は翌朝早い新幹線でもどっていきました」

もちろん待てない時もあるけれど、賢太郎の知る限り、動物は家族みんながそろうのを待とうとするものだ。全員がそろった瞬間、あるいはその晩に逝《い》ってしまったという話を、賢太郎はこれまで数えきれないほど聞いている。

動物病院は不思議な場所

シェリーという名前の10歳をすぎた、大型犬サイズのメスの犬がいた。ゴールデン・レトリーバーの血をひく雑種で、飼い主夫婦はシェリーをわが子のようにかわいがり、大切にしていた。シェリーは肥満細胞腫と診断され、抗がん剤治療を受けることになった。

賢太郎が腫瘍科のエキスパートになろうと考えた時、ある動物看護専門誌で読み、感銘《かんめい》を受けた記事がある。執筆者は腫瘍の認定医である川村裕子《かわむらひろこ》先生。記事には、「がんになるということは長生きの証明であり、飼い主さんの愛犬に対する愛情の結果であるともいえます」（「がん治療チームの一員になろう」『ａｓ《アズ》』インターズー〔現エデュワードプレス〕、２００９年5月号、より引用）と書かれていた。

その指摘どおり、がんは若くしてなる動物もいるものの、年齢が高くなるほど発症率が上がる病気だ。賢太郎はこの言葉を、がんになりショックを受けている飼い主に知ってほしかった。

「シェリーちゃんは平均寿命《じゅみょう》をとっくに超《こ》え、シニア期に入っています。まず、ここまで長生きていているのは、お父さん、お母さんが愛情をかけて育ててくださったからです。それでがんになったのは、長生きの勲章《くんしょう》をもらったようなもの。金メダルをかけられているようなものなんですよ。シェリーちゃんは、お二人といるのが楽しいから長生きできて、金メダルまでもらえたわけですから、それはすごく自慢《じまん》していいことだと思います。

だからこそ、これから闘病生活が始まるけれど、これまでどおりシェリーちゃんといっしょにいて、明るく接してあげてください。そうすればシェリーちゃんも、『がんばろう』って気持ちになれますから。そのために私たちも力を尽くしますので、相談や提案があれば何でもいってください」

その言葉がどこまで届いたのかはわからない。だが夫婦は悲しみに押しつぶされることなく、連日、時には一日のうち朝と晩の2回来院して治療を続け、愛犬のがんと正面から闘った。

やがて肥満細胞腫は脾臓《ひぞう》に転移。この腫瘍が破裂《はれつ》し、おなかの中に血がたまる血腹《けっぷく》とよばれる状態におちいった。そこで脾臓を摘出するため、緊急《きんきゅう》手術をしておなかを開けたところ、肝臓にも転移していることがわかった。

その後も抗がん剤治療を続けたものの、転移は広がり続け、最後は検査のために採取した血液の中にまでがん細胞が認められるようになった。がん細胞は、全身を駆けめぐっていた。

シェリーは状態が悪いため、治療には時間がかかる。その日も、治療を済ませたシェリーが待合室にいる夫婦の手に返されたのは、午前の診療時間が終わろうとするころだった。待合室には他に誰もおらず、束《つか》の間の静けさにつつまれていた。

通常は、会計がすむと飼い主とは待合室で少し話して終わるのだが、その日の帰りぎわ、賢太郎は気がつくと、夫婦とシェリーについて病院の外に出ていった。そんなことをしたのは初めてだった。夫婦はシェリーを後部座席に乗せ、自分たちも車に乗りこんだ。病院の敷地《しきち》を出る時、二人は窓越《ご》しにふり向き、見送る賢太郎にペコッと頭を下げた。

翌朝。診療時間が始まるとすぐ、病院の電話が鳴った。シェリーの飼い主の妻からだった。妻はシェリーが昨日夜、息を引きとったと告げた。

そしてこう言葉を継いだ。

「小川さんは、何か感じていたんですか？」

「えっ？」

「いつもは車のところまでいらっしゃらないけれど、昨日は来てくれたじゃないですか」

賢太郎は自分の胸に問い、思うまま答えた。

「正直、いよいよかと感じる部分もありました。これまでの経験からそう感じたということもありますし、シェリーちゃんが何か訴えてきたところもありました。だから送りました」

「そうでしたか。小川さんが来てくれたんで、私も、じつはそうかなと思ったんですよ」

これを聞いて賢太郎は、

（自分は何かとんでもないことをしちゃったのかな）

という気がした。まるで、「今日でお別れですよ」と、暗示してしまったかのように思えたのだった。いずれにせよ、それはがんをともに闘った動物と飼い主、そして動物看護師にしか成しえない、別れの場面かもしれなかった。

病院にかかっていた動物が亡くなると、その報告のため、病院を訪れる人は少なくないが、夫婦はシェリーの死後も毎年、しかも一年に何度も、足を運んでくるようになった。

「毎日大変でしょう。たくさんつくったから冷凍《れいとう》しておきなさい」

賢太郎の好きなから揚《あ》げを、山のように持参してくることもある。

（動物が亡くなったのに、「ありがとう」っていいに来てくれたり、差し入れまで持ってきてくれる。動物が闘病した場所だから、本当ならつらい思い出がよみがえって、行きたくない心情になってもおかしくないのに。これってすごいことじゃないかな）

動物病院というのは、けっこう不思議な場所なのかもしれない。

春。動物病院は、狂犬病《きょうけんびょう》の予防接種やフィラリア予防などのために来院する動物でごった返す。その風景のなかに、賢太郎は忘れられない顔を見つけることがある。

ミニチュア・ダックスフンドを連れた人。たしかに2年前、ともにがんの治療をがんばった飼い主だ。だが、犬だけが違っていた。

その人は賢太郎を見つけると、「てへっ」といった感じで、照れたように笑った。

「やっぱり犬のいない生活は我慢《がまん》できなくて。また飼っちゃいました、ダックス」

こんな再会は、賢太郎にとってたまらなくうれしい。

「がんでつらい思いをしたから、二度と動物は飼いたくない」

動物を愛する人たちには、どうかそんな気持ちになってもらいたくない。たとえ動物を亡くしても、「これでよかった」「やるべきことはやった」と思えるような、いいゴールを迎えてほしいのだ。そのために、飼い主にとことん寄り添っていくのが自分の使命だと思う。

動物を治療するのは獣医師。動物を亡くしたあと、飼い主が次の人生へと向かう原動力をつくるのは動物看護師。ミニチュア・ダックスフンドの頭をなでながら、賢太郎はそんなことを考える。

Story6

カルテに書かれない思いをつなぐ

家族看護という視点

愛猫《あいびょう》喜助《きすけ》の抗《こう》がん剤《ざい》治療《ちりょう》が始まる

山下怜可《やましたれいか》はひどく驚《おどろ》いた。

「缶詰《かんづめ》事件」が起きたのは、動物看護師になって3年ほどたったある日のことだった。1人の女性が動物を連れず、病院の中にズカズカと入ってきた。そして受付に進みでるなり、カウンターにいる怜可に向かってこういい放った。

「昨日、来院した時に買ったフードですけど、私、こんなのほしいなんていうてません。だからお返しします。いりませんからっ」

バッグから缶詰タイプの犬用の療法食《りょうほうしょく》をつかみだし、レシートといっしょに並べてみせた。女性は、怜可の病院で購入《こうにゅう》した療法食が、ほしかったものとは違《ちが》っていたから返品しにきたのだという。

(あれ？　スタッフの誰《だれ》かがまちがった缶詰を渡してしまったかな)

ふとレシートに目をやると、2週間ほど前の日付が印字されている。女性は「昨日買った」といっているのだから、何らかの勘違《かんちが》いをしているのは明らかだった。

「でもこれ、昨日お出ししたものじゃないですよ」

咄嗟《とっさ》に言葉を返したその瞬間《しゅんかん》、女性の形相《ぎょうそう》が変わった。

「あなた、そんな問題じゃないでしょう‼」

ものすごい剣幕《けんまく》で怜可を叱《しか》りつけると、クルリと踵《きびす》を返し、病院を出ていった。

(今の、何やったん?)

怜可は雷に打たれたように、その場から動けなかった。

女性は購入したのに「やっぱりいらない」と気が変わり、返品をせまるクレーマーだったのか。あるいはまちがって、別の古いレシートを持ってきてしまい、それを怜可に指摘《してき》されて逆切れしてしまったのか。

あるいはいい方の問題だったのだろうか?

(そうだ、そうにちがいない。「わかりました、確認しますね」と、いったんいい分を受けとめてから、もっとやんわりとした言葉遣《づか》いで事実を伝えればよかったのだ)

要は接遇《せつぐう》が下手だったのだ、これからは気をつけよう。そう考えて気持ちを切り替《か》えた。

だが、不思議とこの一件は、まるで怜可に課せられた宿題のように、その後も折にふれ思い出されてくるのだった。思いきり悪態をついてみせた彼女《かのじょ》のなかに、たしかに見た焦燥感《しょうそうかん》、あの絶望したような表情……。

缶詰事件から4年がたった、ある夏の日。突然《とつぜん》、獣医師《じゅういし》の秋山美羽《あきやまみわ》によびとめられた。

「ちょっと来て、いっしょに話を聞いてもらえるかな」

診察室《しんさつ》に入ると、そこには父親の成伸《なりのぶ》の姿があった。

「なんか、最近ちょっと元気ないねん」

成伸の言葉に促《うなが》されるようにして、動物を持ち運ぶためのキャリーケースの中をのぞくと、すでに診察を終えた猫《ねこ》の喜助と目が合った。両親は、普段《ふだん》から飼い猫に何かあれば、特段、前もって怜可に連絡《れんらく》することなく、ふらりと受診《じゅしん》に訪れるのが常だった。

怜可は成伸と並んで診察室の椅子《いす》に腰《こし》かけ、秋山の説明に耳を傾《かたむ》けた。

秋山が喜助を触診《しょくしん》すると、おなかにかたいものがふれたという。そこでレントゲン検査と超音波《ちょうおんぱ》検査をすると、腸管に複数の腫瘍《しゅよう》が確認された。

「腸管に腫瘍が認められます。おそらく消化器型リンパ腫《しゅ》、わかりやすくいえばがんです」

というのが、秋山が下した仮の診断《しんだん》だった。そして今後の治療法について説明を始めた。

腫瘍はすでにリンパ節への転移が認められるため、手術で切除《せつじょ》しても再発の可能性が高いこと。また、手術による合併症《がっぺいしょう》で亡くなる可能性もあること。そのため全身に作用する抗がん剤治療がもっとも有効だが、副作用もあること。治療する以上、寛解《かんかい》をめざすが、見通しはきびしいこと。とはいえ抗がん剤治療をすれば、少なくとも延命は望めること。延命期間は数か月ほどかもしれないが、猫は人の4倍の速さで年をとることを考えれば、けっして短いとはい

あること……。猫への負担を考え、がんを治療せず余生をおだやかにすごさせるという選択肢《せんたくし》もえないこと。

時折考えこむようにして聞いていた成伸だが、秋山が話し終えると顔を上げ、きっぱりといった。

「わかりました、先生。このコに一番いい治療をしてやってください」

がん、と聞かされて怜可はもちろんショックだったが、それよりも、喜助に愛を注いできた両親が、この現実をどう受けとめるのか心配だった。同時に、治療をどうするかは両親に任せようとも考えていた。そのため、迷いのない成伸の前向きな決断に救われる思いがした。

秋山は明るい表情をつくるとこういった。

「そうですね、来年の春、喜助くんと桜を見るのを目標にしましょう。私たち病院のスタッフも精いっぱい治療にあたりますので、喜助くんといっしょに、お父さんもがんばりましょうね」

病におかされながらも目の前で燃える命に、満開の桜のイメージが重なり、沈んだ診察室の空気が少し華《はな》やいだ。

今でこそ両親に世話をされている喜助だが、1年前、職場の近くに引っ越《こ》してひとり暮らしを始めるまで、喜助は怜可の猫だった。新居となったマンションは、ペットの飼育が禁じられていたため、猫を両親に託《たく》して家を出たのだった。

喜助は怜可のたってての願いで、就職祝いとして迎《むか》えいれられた猫だった。

自治体の愛護センターに持ちこまれるなどした、行き場のない猫のもらい手探しをしているボランティア団体の保護施設《しせつ》が近くにあり、家族会議の結果、そこから譲《ゆず》り受けることになった。怜可は仕事で行けないため、猫選びは母親の加代美《かよみ》にお願いすることにした。

「性別はどっちでもええけど、1匹《ぴき》、毛の短いコでお願いね！」

念押《お》しして出かけたのには、こんなわけがあった。

当時の怜可には、長毛とよばれる毛の長い猫は、気位《きぐらい》が高いとのイメージがあった。少女時代にともに暮らした2匹《ひき》の猫は、たいして、野性味あふれる短毛だった。特に人生で初めて飼った黒猫は、大きく育ち、目撃《もくげき》した近所の人に「黒豹《くろひょう》かと思った」と、冗談《じょうだん》とも本気ともつかぬ感想を口にされる風貌《ふうぼう》だったが、家では怜可の指をチュッチュと吸いながら眠《ねむ》りにつく甘《あま》えん坊《ぼう》で、そのギャップが何とも愛らしい。だからまた短毛の猫を、と希望したのだった。

その日、仕事が終わると、さっそく加代美から電話がかかってきた。

「ごめん、猫2匹になってん。しかも毛が長いねん」

「ええーっ、そうなん!?」

まさかの展開。加代美によると、一つのケージの中に、被毛《ひもう》の色がシルバーのオスと、ゴールデンのメスの、チンチラのきょうだいが入れられていた。たまたま施設内には、猫はその2

匹しかいなかったという。

「2匹おって、1匹選べへんやろ?」

「ま、そりゃそうやな」

かくして猫たちは、怜可の家に引きとられる運びとなり、オスが喜助、メスが福子《ふくこ》と名づけられた。

ふっさりと豊かで長い被毛がトレードマークのチンチラだが、実際に暮らし始めると、2匹の魅力《みりょく》にすっかり夢中になってしまった。怜可がチンチラに抱《いだ》く印象は、「メスは気が強め、オスはたいがいボーッとしていてどんくさいコが多い」だ。保護施設を訪れた際も、福子は喜助を盾《たて》にして、〈お前行け、お前行け〉とばかりに、ずっと後ろにひそんでいたという。

特に喜助は、ちょっとドジで甘えん坊、「人のいい猫」との表現がぴったりだった。

ある時、トイレに行ってガサガサッと、猫砂をかき始めた。体勢を整えたので、「ウンチかな」と思って見ていると、その瞬間、ウエーッと嘔吐《おうと》した。怜可は意表をつかれた形だが、おかしかったのは喜助本人が、〈あ。出るところが違った〉と、キョトンとしていたことだ。家の屋根を機嫌《きげん》よく歩いていたら、つるりと足をすべらせて落っこちたこともある。とぼけたキャラクターで、一家に絶妙《ぜつみょう》の笑いをもたらしてくれる存在だった。

母親にしたためた一通の手紙

しこりから細胞《さいぼう》をとり顕微鏡《けんびきょう》でその正体を確認する、細胞診《さいぼうしん》とよばれる検査により、喜助の病気は当初の見立てどおり消化器型リンパ腫と確定した。そしてついに治療がスタートした。来院するのは週1回。午前中に連れてこられた喜助を病院で預かり、プロトコールに沿ってその日の検査や治療をほどこす。怜可は動物看護師として、血液検査のための駆血《くけつ》や、抗がん剤を投与する際の保定《ほてい》をおこなった。

秋山との約束通り、成伸は毎週、喜助と病院の門をくぐった。成伸と加代美は夫婦で自営業をしており、どちらも都合はつけられるはずだったが、来るのはきまって成伸ひとりだった。

「お母さんは用事があるから」

そういつもいい、夕方迎えにくるのも成伸で、加代美が付き添《そ》うことはなかった。

怜可は仕事が多忙《たぼう》で、なかなか実家に顔を出せない毎日だったが、毎週、成伸や喜助の具合がわかることは安心材料となっていた。

来院のたび、成伸とは簡単に会話を交わした。

「家ではどう？」

「元気にしてるから大丈夫《だいじょうぶ》や」

「ちゃんとごはんは食べてるん？」

「食べてるほうやと思うよ」

抗がん剤の副作用についても、「まあ、2〜3日しんどそうやけど、こんなもんかな」と、あまり苦にしていないようだ。「先生、よろしくお願いします」と、笑顔で通ってくる姿は、怜可のよく知る頼《たの》もしい父親だった。

喜助の治療が始まったことで、怜可にとって猫は看護の対象、両親はその飼い主という関係になったといえた。動物看護師として成伸とコミュニケーションをとり、患者《かんじゃ》である喜助の具合に目をくばる。怜可の見たところ、治療は問題なく進んでいた。


治療が始まってしばらくたったころ。

（時間がとれたから、久しぶりに家の様子を見てこようかな）

車で10分ほどの実家に帰ることにした。

「来たでー」

威勢《いせい》よく玄関《げんかん》を開け、足を踏《ふ》みいれてすぐ、これまで感じたことのない異変に気づいた。家の中の空気が恐《おそ》ろしいほど、シーンと静まり返っているのだ。

（え？　なんか違う）

家族の笑顔の代わりに目に飛びこんできたのは、疲《つか》れて眠る愛猫《あいびょう》だった。

（おや？　病院ではわりと動いたり、よびかけに応じて寄ってきたりもしたのに）

猫や犬は、敵である動物に目をつけて狩《か》られないようにする野生時代の名残《なごり》から、外では極力、疲れた姿を見せない習性がある。

「うちのコ、すごくしんどそうなんです」

そう電話で説明された犬が病院に来てみると、チャッチャと小走りしてみせることがある。だがそれは飼い主が嘘《うそ》をついたわけではなく、犬の気が張っているだけで、安心して弱った体をさらけだせる家での姿が本当なのだ。

そのことは知識として持っていた怜可だが、やはり喜助の、思っていた以上に生気に乏《とぼ》しい姿は意外だった。来院時の成伸の報告からも、もう少し元気なのかと想像もしていた。

だが、それ以上に驚いたのが両親の様子だった。

加代美は、パッと見てわかるほど、明らかにやつれていた。そして怜可を見るなり、泣きながらたたみかけるように聞いてきた。

「なあ、このコ死んじゃうん？　ごはんぜんぜん食べへんねん。毎週病院行くのストレスちゃうんかな？　これって治療で苦しんでるだけなんかな、私たちのエゴなんかな」

あまりのことに怜可は心底動転してしまい、何も返すことができない。

成伸からも、思うように食べてくれないこと、抗がん剤を投与するとやはり体調が悪くなることが、思いつめた口ぶりで伝えられた。

（お父さん、「お願いします」っていつも笑ってたのに、「元気です」っていってたのに）

二人は明るい性格の夫婦だ。回転ずしに行くと、会計時、成伸は皿を数える店員の横で、「8、6、10、3……」

違う数字をいってふざけては、家族に「ヤメやー！」とつっこまれている。加代美も孫が来ると、いっしょに走りまわり、はてはでんぐり返しまでやってのける。「もうお母さん、首折れんで」と心配されてもあっけらかんとしたものだ。

病院での父のふるまいも、普段どおりほがらかだった。だが、いったん病院を後にし、家に帰れば、二人で弱った猫をジッと見ているというのだ。「なんもできへんな」「なんかしてあげられること、ないんかなぁ」といいながら。

「喜助といっしょの布団に入って、毎晩眠れずに顔を見てるねん」

加代美はこういって、また泣いた。


怜可は心にピシャリと水をかけられた思いがした。

加代美が病院へ付き添わなかったのは、喜助が痛い検査や治療をされるのを、そして病気を、直視するのが怖《こわ》いからだった。成伸も、自分で決めた治療が喜助のためになっているのか、悩み、苦しんでいた。

（私はこれまで、飼い主さんの気持ちを理解するのが得意だとさえ思っていた。でも、自分の

家族のことすら、何もわかっていなかった）

家での本音と来院時の言葉には、時に正反対といってよいほどの開きがある。このことは怜可にとって衝撃《しょうげき》だった。

動物にどんな治療をどこまで受けさせるのか。病気が重く、治すことが難しいものであるほど、その決断は飼い主に負担となってのしかかる。愛情があれば動物を支えられる、といった単純な話ではないのだ。

くわえて、少なからぬ飼い主にとって獣医師は、「先生」とよぶ偉《えら》い存在だ。だから、「問題ないですか？」とたずねられても、「治療がきつそう」などと疑問や不満を口に出せず、「大丈夫です」と本心を押し殺してしまう。そんな人が大勢いるのではないかと気づいたのだった。

思えば喜助のことも、「白血球数はまずまず」と、その日の数値や治療内容などでしか見ていなかったのかもしれなかった。

この日を境に、怜可は毎週のように実家に足を運んで話を聞き、両親をサポートする行動に出た。だが、特に加代美の落胆《らくたん》がはげしく、悲しい顔ばかりしている。

このまま治療を続けても、病が治るかどうかはわからない。それがわかっていながら、かわいい喜助が小さな体で治療に臨む姿を見るにつけ、「これでよいのか」と、押しつぶされそうになるようだった。

（いったいどうすればお母さんに、治療に向き合ってもらえるのか）

悩んだ挙句、加代美にあてた手紙を書くことにした。内容は次のようなものだった。

〔前略

加代美様　あなたのことをよく知る動物看護師として手紙を書きます。どうか自分を責めないでください。

喜助くんが病気になったのは、飼い方が悪かったとか、飼い主さんのせいではまったくありません。誰のせいでもありません。

病気というのは急に現れるものです。そして喜助くんは今、とても治療をがんばってくれています。どれだけ生きられるかは誰にもわからないし、治療で苦しんでいるかどうかも本人でなければわからないことだけれど、でも、ずっと愛情をかけて育てている飼い主さんが、喜助くんのためを思って決めたことは、喜助くんにとってまちがったものは何ひとつありませんよ。

動物って、人のことを見ていないようで、じつはとてもよく見ています。飼い主さんが悲しそうだと、敏感《びんかん》に感じとります。

反対に、飼い主さんが笑顔だと、動物も幸せな気持ちになれます。笑うのは免疫力を高める効果もあります。動物も幸せな気分になれば、それは病気を治す力になるはずです。

だからどうぞ、みんなでニッコリ笑って、明るい気持ちで毎日をすごしてくださいね。どうしてもつらい時は、私たち病院のスタッフが支えますので、いつでも頼《たよ》ってください。

草々

動物看護師・怜可」

これだけ便箋《びんせん》に書き終えてしまうと、封筒《ふうとう》に入れて切手を貼《は》り、郵便ポストに投函《とうかん》した。口頭ではなく手紙にしたため、手渡しではなく郵送したのは、娘《むすめ》からではなく、あくまで一人のプロの動物看護師としてアドバイスを送ることで、加代美を支えたいと考えたからだった。その心にどうか届いてほしいと祈った。

翌日、加代美から電話があった。

「手紙読んだよ、ありがとう」

電話口で泣いている。だが、この泣き方は大丈夫だとはっきりわかった。怜可もうれしかったのだが、こう伝えた。

「娘に電話してきちゃダメだよ。あれは娘からの手紙やなくて、動物看護師からやからね」

「はいはい、わかりましたよ」

そして数日後、今度は怜可あてに手紙が届いた。怜可はドキドキして封をきった。

「怜可様
手紙のおかげで力をもらい、前向きになれました。このまま治療をがんばって、家で喜助を支えたいと思います。

加代美より」


手紙の交換《こうかん》をきっかけに加代美は変わった。

「今日は食欲ないんやけど、他に食べさせてあげられるものないかな？」

などと、みずから怜可に質問してくるようになったのだ。

成伸には手紙は出さなかった。文章よりも、直接言葉で伝えたほうが響《ひび》くタイプだと思ったのと、加代美が元気になることで成伸もまた元気になると感じたからだった。

そこで来院のたび、喜助のこと、また加代美のこともたずねるようにした。

「お母さんはよく笑っとるよ」

成伸の表情がやわらいだ。

成伸にとっては喜助同様、悲嘆《ひたん》にくれる加代美も心配の種となっていた。その加代美のことも気にかけられることで、肩《かた》の荷をともに背負ってもらえる思いがしたのかもしれなかった。

実家は緑にかこまれた自然豊かな集落にあった。加代美が号令をかけると、飼われていた歴代の猫たちはみな、あとをついてゆき、いっしょに山へと出かけた。山の中の広場に到着《とうちゃく》し、腰を下ろすと、猫たちはそのまわりで遊んだり、昼寝《ひるね》したりと思い思いにすごし始める。ひとしきり自由を楽しむと、猫たちはやがてまた、加代美とともに家路につくのだった。山には春はヤマザクラが咲《さ》いた。喜助は、目標だった思い出の桜の季節を生きぬき、さらに夏も迎え、そのことは家族に喜びと勇気をもたらした。

だが徐々《じょじょ》に、治療が困難になってきた。血液検査の結果が悪く、抗がん剤の投与に耐《た》えられるだけの体力がない。

「次週まで様子を見ましょう」

と、その日は何もせず帰されるのだが、翌週も、その翌週もダメということが続いた。やせて毛艶《けづや》も悪くなり、衰弱《すいじゃく》しているのは外見からも明らかだった。

ついにある日、成伸が緊迫《きんぱく》した様子で来院した。

「急にグタッとしてしまって」

検査をすると、腹水と胸水がたまって呼吸をさまたげており、がんが全身に転移しているとわかった。末期症状《しょうじょう》であり、もはや抗がん剤治療ができる状態ではなかった。成伸は落ちついた口調で、すでに加代美や怜可と話し合ってきたことを秋山に伝えた。

「治療もずっとしていただいたので、もうこれ以上は望みません。あとは喜助に任せてあげようと思います。今後は家で看取《みと》ります」

別れがせまると、怜可は仕事を終えてから毎日実家へと通った。これまで仕事で多くの動物を看取ってきただけに、その日が待ったなしであることはよくわかった。

治療をやめた翌日は実家に泊《と》まりこんだ。眠っている喜助の横に布団をしいた。以前、この家で暮らしていた時、毎晩いっしょの布団で寝《ね》ていたのだ。目の前に足があった。怜可の大好きな、チンチラの、太くてどんくさそうな「悪さできへん手」だ。腕《うで》をのばすと、喜助のそれにそっとふれ、手と手をつないで眠った。

翌朝、そして仕事から帰ってきた夜になっても、喜助はまだ生きていた。ぼんやりした状態で横になっている喜助に、好きな缶詰のフードを口元に寄せてやると、一口二口、ペロペロッと食べた。それからまた虚《うつ》ろな感じで寝始めた。

「このまま亡くなるなあ」

3人でそういって見ていたら、そのまま息を引きとった。

数日後、受付によばれて秋山と待合室に出ていくと、成伸、そして加代美が並んで立っていた。今回の喜助の治療で、加代美が病院に来るのはこれが初めてだった。

「先生、これまで喜助のことでお世話になり、ありがとうございました」

二人は感謝を述べると深々と頭を下げた。表情は晴れやかだった。そして成伸は笑顔でこういった。それは喜助への、はなむけともいえるものだった。

「本当に甘えたで、どうしようもない猫でしたが、最期《さいご》はひとりで男らしく旅立てました。立派で、カッコよかったです」

「喜助くんは幸せだったと思います」

秋山の言葉に、成伸はこう答えた。

「ちゃうで、先生。喜助と暮らせた我々が幸せやったんです」

家族を支えるという看護の形

喜助の闘病《とうびょう》で学んだことを、今後の看護に生かしたい。そう考えていた時、怜可は「家族看護」という言葉に出会う。もともとは人間の看護で使われてきた概念《がいねん》だ。初めて耳にした時、(ああ、私が両親にたいしてしていたのは、ただの勇気づけじゃなくて家族看護だったんや)と、腹に落ちる思いだった。

じつはこの時点ではまだ理解が浅く、「患者本人だけではなく、暗くなりがちな家族の精神面も支える」ぐらいの意味だと思っていたのだが、後になって、もっと具体的な行為をともなう、看護の専門分野の一つと知った。

人の看護の本から、家族看護の定義について書かれた箇所《かしょ》を引用しよう。

「家族が、その家族の発達段階に応じた発達課題を達成し、健康的なライフスタイルを維持《いじ》し、家族が直面している健康問題に対して、家族という集団が主体的に対応し、問題解決し、対処し、適応していくように、家族が本来もっているセルフケア機能を高めること」（鈴木和子・渡辺裕子・佐藤律子著『家族看護学――理論と実践《じっせん》　第5版』日本看護協会出版会、２０１９年、より引用）

家族というのは本来集団として、自分たちで問題を解決し、健康的な状態を維持する力をそなえているという。ところが家族の誰かが病気になり、問題が大きかったり他の家族がショックを受けてしまうと、その機能が働かなくなることがある。そこで家族も看護の対象としてとらえ、家族が自分たちで問題に向き合い、対処できるように助けるのが家族看護だというのだ。

ならば喜助のケースで、加代美には手紙で闘病への向き合い方を整理して伝え、家での食事の工夫などに積極的にとりくんでもらったり、成伸とも話す機会を増やして、獣医師と治療方針を決めてゆく役割を自信をもって担えるよう支えたこと。それにより喜助が、よい形で闘病でき、当初考えられていたより長生きもできたこと。これはまさしく家族看護だったということになる。

一方で、次のようにも考えられた。

獣医療《じゅういりょう》では、治療の対象は犬や猫などの動物だ。だから動物のことを患者、もしくは患者動物や患畜《かんちく》とよぶのが、本来的な言葉の使い方としては正しいだろう。ところが実際は、動物だけでなくその飼い主についても「患者さん」と表現することも多い。本人にそうよびかけるわけではないが、獣医師や動物看護師間の会話で一般的に使われているのだ。

一見、日本語がまちがっているようにも思えるが、これは、「獣医療においては、飼い主も患者の一部である」との認識があるからではないか。

動物は自分の意志で来院したり、病状を訴《うった》えたり、治療法を希望することもない。そんな動物に代わり、治療の主導権を持って実践《じっせん》していくのは飼い主だ。逆のいい方をすれば、飼い主を介さなければ患者の治療をおこなうことはできない。

そう考えれば、わざわざ家族看護という考え方を持ちだすまでもなく、動物（患者）の背後にいる飼い主（家族）を助けて、病気への対応力を高めることは、動物看護師なら誰しも、特別意識することもなく、日々おこなっているにほかならなかった。

だが、今回家族看護という言葉をえたことで、「家族を支えることも立派な看護のひとつであり、動物看護師がすべき仕事」と自覚してとりくめるようになったのは、大きな収穫だった。

両親の体験をへて、その大切さに気づかされた家族看護は、怜可が生涯《しょうがい》をかけてとりくみたいテーマとなった。

怜可のなかには、生身の自分と、動物看護師としての自分、2つの自分が存在している。飼い主もさまざまだ。おっかない人や、なぜか文句ばかりいってくる人もいて、

(できたら避《さ》けたいな)

との印象を抱いてしまうこともある。

そんな時、素のままの感情で対応すれば、まともに傷ついてしまいかねない。だから仕事場ではもうひとつの、動物看護師としての自分になる。すると、「本当はつらくて話を聞いてほしいんかな」と客観的になれ、一段深いところで相手を理解できるようになるからだ。

さらに家族看護の視点もとりいれることで、

(この苦手な人も、看護の対象)

そう認識し、より自信を持ってコミュニケーションをとれるようになっていった。

高齢《こうれい》の夫婦がトイ・プードルを連れてきた。名前はポップ。

レントゲンを撮《と》ると骨折していることがわかった。小型犬で骨が細く、骨の形成に時間がかかること、また、自宅での看護が不安という飼い主の意向もあり、1か月以上という長い期間入院することになった。

「ポップちゃんも、飼い主さんに会うと元気になるので、できるだけ顔を見せてあげてくださいね」

と獣医師が伝えたところ、二人は律儀《りちぎ》にも毎日面会に訪れるようになった。聞けば片道2時間近くかけて、車を運転してくるという。

ポップもやはり、夫婦に会うと大喜び。知らない場所にいる心細さも、この時ばかりは忘れているようだった。

連日の面会が続いたある日、怜可は二人から耳を疑う言葉を聞くことになる。

「このコを、もう手放そうと思うんです」

(ええっ。こんなにかわいがっているのに、どうして!?)

仰天《ぎょうてん》しつつもよく話を聞いてみると、高齢ということもあり、毎日4時間かけて往復するのは体にこたえるという。

「会いに来るのが正直しんどいけれど、私たちが来ないとこのコがかわいそう。だからもう、私たちが飼わずに、他の人にもらってもらったほうが、ポップにとって幸せなんやないかと二人で話し合ったんです」

真面目な性格ゆえに、獣医師の「できたら来てあげてくださいね」の言葉が重荷となり、これほどまでに追いつめられていたのだ。怜可はあわてて、だがその素振りは見せず、

「大変な日ももちろんありますよね。ご無理なさらず、来られる時だけお越《こ》しになってください。ポップちゃんのことはこちらで大事にお預かりしていますから、どうぞ心配なさらないで」

とフォローしたものの、その程度で肩の荷が下りたようにはまったく見えなかった。

(さて、どうしたものか)

家族看護の観点から、夫婦には愛犬の入院という困難にくじけることなく、ポップとの暮らしをいとおしむ気持ちをとりもどし、面会も無理のない形で楽しんでもらえればと考えた。

動物看護師のミーティングで、怜可はこう提案した。

「みんなでポップちゃんの日記をつけるのはどうかなあ。それを飼い主さんにお見せしたら、面会に来ない日でもポップちゃんがどんなふうにすごしたかわかるから、毎日会っているみたいな気持ちになって、安心してくれるんやないかな」

「いいですね、さっそく作りましょう」

と、全員が賛成してくれた。

動物看護師の一人が小ぶりのルーズリーフを買ってくると、別のパソコンが得意な者が、用紙のサイズにあわせ、その日の出来事と担当者名を記入する欄《らん》をデザインした。プードルのイラストが連なった枠《わく》もあしらい、印刷《いんさつ》すると、ポップ専用のかわいらしい日記帳が完成した。

さっそく翌日、ポップの看護をした動物看護師が、「よく食べて動いて、ちょっとやんちゃでした」と様子を書きいれた。その日記を渡すと、夫婦の表情がパッと輝《かがや》いた。

本来の目的からいえば、日記は必要なかった。なぜならその翌日も、翌々日も、二人は通ってきたからだ。

だが日記が橋渡し役となり、夫婦は怜可たちスタッフに心を開いてくれるようになった。その内容から、大切な愛犬に目をくばり、親身に看護してくれていることがわかったのだ。

「私たちがいない時も、うちのコをかわいがってくれていると知ってホッとしました」

と、うれしそうにいう。

それと同時に、苦痛だった来院が、自発的で楽しみな日課に変わったようだった。結局のところ、二人は退院の日まで、一日も欠かさずせっせと足を運んだ。

「そうそう、ポップが小さいころ、こんなことがね」

と、たわいもないエピソードも聞かせてくれ、

「いやぁ、手放そうなんてバカなこと考えましたわ」

「でもお気持ちはわかりますよ」

と、途中《とちゅう》からは笑い話にもなった。夫婦の笑顔に励《はげ》まされるかのように、ポップも順調に入院生活を卒業した。

子育てで学んだ弱者に寄り添う心

私生活でも変化が訪れた。同じ職場で働く獣医師の圭介《けいすけ》と、縁《えん》あってつきあうようになった。怜可は家庭を築き、子どもを持ちたいとの願望があった。そこまでは圭介も同じだったが、

問題は、圭介は怜可に専業主婦になってほしいと望んでいることだった。

怜可は仕事が楽しく、「これを手放すのは嫌《いや》だなぁ」と、家庭に入る気はさらさらない。だがそれと同時に、

（不器用な私に仕事と家庭を両立できるんやろうか。子どもができたらなおさら難しいかも）

と、自分自身も不安が消えないのも事実だった。結局二人の将来像については、言葉をにごし決断を先延ばしにしながら3年がすぎた。

ある時怜可は、各地の病院の動物看護師が集まる勉強会に参加した。そこでは、業界の先輩《せんぱい》として活躍《かつやく》する女性動物看護師が講師として登壇《とうだん》した。

動物看護師としてキャリアアップするためのプランを考えよう、という趣旨《しゅし》のもと、参加者には用紙がくばられ、これまで仕事でえた体験や学び、今後の目標などを、該当《がいとう》する年齢《ねんれい》とともに記入するよう指示が出された。

そこで動物看護師としてデビューした年までさかのぼり、順調に書いていったが、現在の年齢までくると、ピタリと筆がとまってしまった。

（私はこの先の人生、いったいどうしたいのか）

まったく見通しが立たない。そこでプランの代わりに、

［結婚《けっこん》するのかしないのか、結婚して仕事を辞めるのか続けるのか、人生の転機を迎えて悩んでいます］

とだけ書いて提出してしまった。幾度《いくど》となく心の内でつぶやいた、ひとり言をくり返したにすぎなかった。

数日後。パソコンを開くと一通のメールが舞《ま》いこんできた。差出人は、あのセミナーの講師からだった。開封《かいふう》すると、こんなことが書かれていた。

〔悩まれていることがいろいろおありかと思いますが、結婚も出産も、全部あなたの看護につながっていますから、怖がらずに進んでください〕

これを読んだ瞬間、何年も悩んでいたのがまるで嘘のように、迷いはすべて溶けてなくなってしまった。

(ああ、そうだ。もう、やってみよう。ひょっとしたら行きづまることがあるかもしれないけれど、何とかなる!)

この講師自身、子育てと仕事を両立しており、わざわざメールをくれたのは、怜可が思わず吐露《とろ》した悩みに、何かピンとくるものがあったにちがいなかった。

圭介より2つ年上ということもあり、怜可は専業主婦を希望する圭介の思いをよくわかりながらも意思をとおし、仕事を続けたまま結婚へとおし進んで、翌年、男の子を出産した。

産休に入り、赤ん坊が生後3か月になった時、肌にブツブツと湿疹《しっしん》のようなものができたため、近所の小児科に行くことにした。診察室に通され、医師と向き合う。

「なんか、背中をかいているんですが」

症状を訴える。すると、

「いつからですか？」

と聞かれ、さっそく言葉につまってしまった。

（あれ、いつからやったかな。今朝？　いや、肌《はだ》が赤くなったのは今日だけど、昨日の夜もかく仕草《しぐさ》をした気もするし。四六時中、この子のことばかり気にかけてきたつもりが、意外と正確には覚えていないものだな）

あわてて記憶をたどろうとする怜可に、医師は、「何かきっかけがありましたか？　かゆがるようなところに行ったり、変わったものにさわりませんでしたか？」とたずねてくる。

怜可はふたたび、答えに窮《きゅう》してしまう。

変わったものって何だろう。家族や友人に抱《だ》っこされたり、タオルやぬいぐるみやおむつとか、肌にふれたものをあげればきりがない。汚《きたな》いものにさわらせた覚えはないが、とはいえ大人は平気でも、赤ん坊の肌には有害なものだってあるのかもしれない……。

「えっと、ふれているといえばふれていますけど、ふれていないといえばふれていないですけど」

分野は動物とはいえ、病院で働いている人間とは思えない支離滅裂《しりめつれつ》ぶりだ。肌に異常が出たのも、かゆみを感じているのも怜可ではない。自分以外の人間の困りごとを、本人に代わって医師に伝えなければいけないのだ。

そう考えるとプレッシャーが押し寄せ、緊張《きんちょう》でなおさらうまく言葉が出てこない。いかにも忙《いそが》しそうな医師を前に、「簡潔に答えなきゃ」と、あせりもわいてくる。診察室を出た時には、

(ああ。いいたいことの半分もいえなかった)

ガックリと肩を落としてしまった。

冷や汗《あせ》ものの診察を終え、薬局で処方された薬を受けとると、やっと重圧から解放されて帰宅した。だがドタバタ劇はまだ終わっていなかった。

袋《ふくろ》を開け、液体状の薬をとりだす。そこで「はて?」と首をひねった。

(母乳を飲んでいる子に、薬なんてどうやって飲ますのよ。肌につける? いや、違う違う、これはどう見ても飲み薬)

困りはて、先輩ママである友人に電話すると、「スポイトで口の中に入れればええんよ」と教えてくれた。やり方がわかり安堵《あんど》するとともに、

(何で説明してくれないのよ)

と、病院の不親切さが恨《うら》めしくもなる。

だが考えてみると、怜可が苦しんだ小児科での出来事は、怜可を飼い主、赤ん坊を動物におきかえれば、動物病院のシチュエーションにそっくりそのままあてはまるのではないか。

赤ん坊も動物も話すことができない。そこで母親や飼い主が、彼《かれ》らに代わって（獣）医師に症状を伝え、治療を進めてゆくことになる。

（私のいい方次第では、まちがった診断や治療がされてしまうかもしれない。小児科で受けたこのストレスを、飼い主さんはいつも感じていたんだ。薬を渡された人の苦労だって想像もしなかった）

来院する飼い主が、これほど困難にさらされていることに、今さらながら気づいたのだった。

もうひとつ、産んでみてわかったことがある。それは、いかに何もできないかだった。赤ん坊ではなく、怜可自身が、だ。「私は仕事ができる」。少なからずそう思って走ってきた。仕事を覚えられない新人に苛立《いら》ち、叱り飛ばしたこともある。けれど、ここへ来て突《つ》きつけられたのは、「自分は仕事しかしてこなかった」という事実だった。

慣れないおむつ替え。泣きやまぬ子をあやしながらのミルクづくり。仕事に復帰してからは、子どもは出勤の直前に発熱した。そのたびにオロオロし、何度加代美に泣きついたことか。

「ごめん、今日一日だけ、この子見ててー！」

必死に車のハンドルをにぎり、実家にわが子を預けたあの日。親であれ人に頼るのは苦手だったが、なりふりかまってなどいられなかった。

子育ての荒波《あらなみ》にもまれながら、いつしかこんな受けとめ方ができるようになっていった。

(飼い主さんが動物の状態をうまく説明できない。薬を飲ませられない。できなくても当たり前だよね。だって私も子育ては、できないことばかりだから——)

できない人の気持ちがわかり、受けとめる感受性。これこそは動物看護師に必要な「弱者に寄り添う心」そのものにちがいなかった。

缶詰が教えてくれたこと

復職してから、怜可は注意深くなった。飼い主が「できない」ことを、表情のちょっとした変化からも拾おうとするようになったのだ。

前回の来院時、薬が処方された飼い主に、怜可はこう声をかけてみる。

「お薬、どうでした？　飲めました？」

すると表情をくもらせる人がいる。以前の怜可なら見すごしていた、ほんのわずかな変化だ。心の目を凝《こ》らし、それを逃さずキャッチする。そこに「何かいいたい気持ち」があるはずだ。

「難しいですよね。『お薬飲ませて』って、いうのは簡単ですけどね」

心をこめて語りかけると、ためこんだ感情を解放するかのようにまくし立て始めた。

「いただいた粉薬を水に溶いてシリンジで口に入れたら、うちの猫、『苦い』って顔して、よだれといっしょに吐《は》きだしてしまったんです」

（このぶんだと、薬は、ほとんど飲ませることができなかったんやろな。罪悪感から獣医師にも、本当のことをいえないかもしれない）

励ますように、アドバイスを送る。

「缶詰のフードと練って、口の奥《おく》に塗《ぬ》るとうまくいきやすいですよ。もし錠剤《じょうざい》のほうがあげやすいようでしたら、カプセルにつめてお出しするよう、先生にお願いしましょうか」

薬を飲ませられなかったことを、正直に打ち明けてもらえた。このことは、薬を飲ませるための次の一手を教えられた以外にも、重要な意味を持つ。

もし、薬を飲めなかった事実を知らされなければ、獣医師は、処方した薬を「服用した」との前提で診察をおこなう。だが、症状が改善されていなければ、「薬が効かなかった」と判断するだろう。その結果、動物の体により負担のかかる薬を処方したり、治療方針を変更《へんこう》することもありうる。要は誤診がひき起こされ、それにもとづく誤った治療がなされる危険があるのだ。

これまで怜可は仕事に入ると、本来の自分に封をして、動物看護師へと心のスイッチを切り替えていた。すると職業意識が高まり、どんなタイプの人にも対応することができたからだ。

だが今は、ありのままの自分をしまいこむのではなく、2つの自分をうまく使い分けている感覚だ。プロの動物看護師として飼い主にたいしながら、時に職業の衣をまとわぬ生身の人間として、飼い主に近づけるようになったと感じる。

子育てを通し、深まった愛情。幼子とともに悩み、驚き、喜ぶなかで培《つちか》われた、一人の人としてのふくよかな心を使って、さり気ないフォローができる、例えばこんな場面で。

幼い子どもを連れて病院に来る母親がいる。声を上げたり、動きまわろうとする子も多い。

(待合室の犬たちがおびえちゃうよ)

以前はその程度の認識だったかもしれない。ほとんど気にもかけていなかったのだ。だが今の怜可には、見える景色はまったく違う。

退屈《たいくつ》している子ども。その気持ちもわかる。そして何より、母親が今何を考えているかが、手にとるようにわかるのだ。

さわぐかもしれないわが子。それを聞いて吠《ほ》えだすかもしれない犬。子どももさわがないで、犬もさわがないで――と祈るような気持ち。怜可はスッと歩み寄る。

「診察終わるまで、子どもさん、こっちで見ときましょうか」

「ありがとうございます。助かります」

子どもの顔をのぞきこみ、

「ワンちゃん見にいこうか」

と話しかける。不思議そうな顔で見つめる子をやさしく抱き上げ、奥の入院室へ連れ立つ。母親はリラックスした表情になり、やがて診察室へと入っていく。

第一子を産んだ3年後、怜可は長女を出産した。二人の子どもの母親として、仕事と家庭を全力で両立しながら、充実した毎日を送っている。

そしてこの春、怜可と圭介は、自分たちの動物病院を開院した。

それまで働いていた病院は規模も大きく、忙しい環境《かんきょう》だった。人が好き。そんな二人がめざす病院像は一致《いっち》した。

(飼い主とゆっくり話したり、飼い主を笑顔にできる、家庭みたいな雰囲気《ふんいき》の病院をつくろう)

設計士と相談しながら内装のアイデアを出していった。受付からやや奥まってあるスペース。怜可はここを、家みたいにくつろげる待合室にしたかった。

注文した待合室用の椅子が届くと、さっそく腰かけてみる。

「診察室の扉《とびら》を見て座ってるのって、飼い主さん、何考えてるんやろなあ。なんや深刻な気持ちになるんちゃう?」

座った人が壁《かべ》に面するよう、椅子をくるりと反対に向けた。その壁際に机をおけば、お茶を飲んだり本を読んだりしながら、リラックスして順番待ちしてもらえるだろう。子ども連れでも安心して来てもらえるよう、ぬいぐるみで遊べる、かわいいキッズコーナーも設けよう――。

これまで働くなかで大切にしてきたことを形にした、町の小さな病院が産声を上げた。動物看護師になって20年目。この場所から、怜可の新たな動物看護師人生がスタートする。


さて、話は冒頭《ぼうとう》の缶詰事件にもどる。「昨日買った」といって、療法食の缶詰を返品に来た女性に、レシートを確認したうえで「昨日売ったものではない」と指摘したところ、なぜかこっぴどく叱られたのだった。

経験を重ねた今ならわかる。あの飼い主は本当は、「愛犬が食べない」ということを聞いてほしかったのにちがいない。犬が病気になり、いつもの好物はあげられず、療法食を与えなければならない切ない状況。それでも何とか治ってほしくて、すがるような思いで与えた缶詰、なのに、「それさえも食べてくれない」のだ。だから「こんなフードいりません」と、吐き捨てたのではなかったか。

家をぬけだしひとり病院をめざしたのは、暗闇《くらやみ》から救いだしてもらいたかったから。そんな飼い主の苦しみを受けとめ、支えることこそが、動物看護師が何よりやらねばならない仕事ではなかったか。

(それなのに私はあの時、奥にある飼い主さんの思いではなく、目の前の、缶詰しか見えていなかった)

女性は怜可に、動物看護師としてとても大事なことを教えてくれたのにちがいなかった。

動物たちと最期《さいご》に交わす約束

命を扱《あつか》う仕事だけに、怜可には「もう慣れた」と思うことはない。家に帰ってから、（お渡しした薬、まちがってなかったかな）

急に心配になる。プレッシャーに負けそうになり、仕事から逃げたいと思う日もある。

そんな時、思い出すことがある。治療したけれど、亡くなってしまったコたちと、怜可はいつも最期に「約束」を交わしているのだ。

〈ボクたちのこと、忘れないで〉

〈ワタシたちのがんばった治療を、他のコたちにもしてあげてね〉

別れの時、動物たちはそう伝えてくる。怜可がもらう、動物たちの思いのバトンだ。

動物だけではない。動物を亡くした飼い主からもバトンを託される、と怜可は思う。

〈うちのコは亡くなってしまったけれど、今度来るコたちを同じように大事にしてあげてね〉

入院室に入っていくと、怜可を見つけた一頭の犬が立ち上がり、左右にしっぽをふって迎えてくれた。ケージの壁にパタン、パタンとしっぽが当たる。

わけ知らず連れて来られたこの場所で、どんなに痛い注射をされても、病気で弱っていても、人を信じ、残された力で喜びを表してくれる。その純真なしぐさはたまらなくかわいい。

入院室には面会の飼い主もやってくる。見通しは暗く、胸が張り裂《さ》けんばかりだ。泣きたい、けれど泣けない。泣いたら負けてしまうから。ケージの前にしゃがみこみ、泣いたような笑顔で動物の名前を小さくよび続ける。

（ここで私が仕事をやめてしまったら、動物や飼い主さんの気持ちは宙に浮いてしまう。ここで私が逃げたら、みんなのがんばりが、きっとなかったことになってしまう）

獣医師が時系列で情報をつなぎ、治療の生命線とするのがカルテであるならば、怜可はカルテには書かれることのない動物や飼い主の気持ちを引き継《つ》いで、次の看護に生かしたいと願う。それが動物看護師である自分のやるべきことだと信じて今日も前へ進む。

その使命を教えてくれたのも愛猫の喜助だ。がんをわずらった喜助が闘病のすえ、旅立った翌日も、怜可はいつも通り仕事に出かけた。

（喜助はきっと、私はつねに強くて、病院でお仕事している人であってほしいと思っているはず）

だからあの日、決めたのだ。「私は、逃げない」と。

〈ボクみたいなコがいたら、次のコも看護してあげてね〉

喜助ののんびりした声が、今も聞こえてくる。

あとがき

日本には2万人以上の動物看護師がいるといわれています。
その仕事内容は幅《はば》広く、保定《ほてい》や検査、手術の助手、器具の準備や滅菌《めっきん》といった獣医《じゅうい》師《し》がおこなう診療《しんりょう》の補助、薬の在庫管理や発注……と、挙げればきりがありません。専任スタッフを置く病院もあるものの、受付や清掃《せいそう》も動物看護師が担当するところが大半です。じつに細々《こまごま》とした業務のあれこれを担いながら、動物を看護し、飼い主の心もしっかりと支える働きぶりには頭が下がります。

動物の看護や飼い主への向き合い方は、10人いれば10とおり。正解がないぶん、やりがいや難しさもあります。本書には日々真剣に、自分なりの「看護道」を模索《もさく》している、実在する6人の動物看護師（うち1人は現在離職）に登場していただきました。

本書執筆のきっかけについてお話しします。私は縁あって、ライターとして動物看護の専門誌にかかわり、さまざまな動物病院で働く動物看護師に出会うようになりました。最初から、この職業のことをよくわかっていたわけではありません。課題を抱《かか》える業界であることも、自然と耳に入ってきます。

動物病院によって大きく異なりますが、ほぼ立ちっぱなしともいえるほど忙しく、動物の世話で汚《よご》れたり、動物の病気や死に向き合う心身ともにハードな仕事でありながら、多くは待遇《たいぐう》面で恵《めぐ》まれているとはいえません。

動物看護先進国といわれるアメリカやイギリス、オーストラリアでは、動物看護師は専門職として確立され、獣医師のパートナーとして誇《ほこ》りをもって働いています。ところが日本では、院長が「獣医療《じゅういりょう》の主役は獣医師」とばかりに動物看護師の価値を理解せず、やりがいのある仕事をまかせようとしないケースもあると聞きます。その結果、せっかく好きで志した仕事なのに失望し、長くつづけずに辞めてしまう人も少なくありません。

こうした状況を知るにつれ私は、動物看護師が「飼い主さんと動物に寄り添《そ》える存在に」「物いわぬ動物の代弁者でありたい」と話すことに、少しの戸惑《とまど》いを覚えるようになりました。動物看護師の仕事を表現する際によく使われるこれらの言葉が、業界の問題をおおい隠《かく》すために誰かがつくった、おしきせのフレーズではないかと感じられてきたのです。

ところがやがてこの仕事には、「寄り添う」「代弁者」といった言葉をぬきには語れないような、胸を打つエピソードが無数に存在していることがわかってきました。彼《かれ》らがくり返し口にする言葉に耳を傾《かたむ》けようとしないで、私はいったい彼らの何を知ろうとしていたのでしょうか。反省するとともに、自分が味わった感動をもっとたくさんの人に知ってほしくて、本にすることを思い立った次第です。

本書で紹介した6人は、本人たちの人一倍のがんばりがあるのはもちろんですが、院長らが動物看護師のすばらしさを認め、信頼《しんらい》して活躍《かつやく》の場を与えています。その意味では環境《かんきょう》にも恵まれた、理想の動物看護師像ともいえるでしょう。そして、彼らのようなカッコいい動物看護師が、全国にたくさんいることもまた、まぎれのない事実です。

最近ではこんな明るいニュースもありました。

これまで獣医師は国家資格であるのに対し、動物看護師は民間資格でした。かつては各種団体がそれぞれに認定していましたが、動物看護師のレベルを高め、将来公的な資格をめざすため、これらを一本化する動きが生まれ、２０１１年に動物看護師統一認定機構（２０１６年一般財団法人化）が設立されました。現在、動物看護師は資格がなくてもなれますが、同機構が定めるカリキュラムを導入している専門学校や大学で学び、試験を受けて「認定動物看護師」資格を取得するのが一般的となっています。

そして２０１９年6月21日、ついに愛玩《あいがん》動物看護師法が成立しました。動物看護師の資格は愛玩動物看護師の名称で、国家資格になることが決定したのです。具体的な業務は未定ですが、獣医師にのみ許されていた診療《しんりょう》行為の一部が、診療の補助として、愛玩動物看護師に認められるようになります。遅《おそ》くとも２０２３年には最初の国家試験がおこなわれ、愛玩動物看護師第1号が誕生します。国家資格化によりこの職業が、社会に広く認められ、地位の向上につながることが期待されています。

最後になりましたが、心の中の大切な思いを話してくれた動物看護師のみなさま、本当にありがとうございました。本書に登場する獣医師の方々にも、獣医療面での記述で力添えいただき感謝します。

本書は動物看護専門誌『as《アズ》』（エデュワードプレス）編集部による取材や、取材先から提供された資料等を起点とし、再取材をおこなって執筆《しっぴつ》しています。書籍化《しょせきか》を快諾《かいだく》くださり、動物看護師の業務や現状についてもご教示いただいたas編集部のみなさまにも心より御礼《おんれい》申し上げます。ただし、もし内容に誤りがある場合、責任はすべて筆者《ひっしゃ》にあります。また、本書の内容は事実にもとづきますが、過去の出来事で記憶があいまいな場合や、プライバシー保護の観点から一部を仮名とし、加筆《かひつ》・変更《へんこう》をくわえた箇所《かしょ》があります。

はじめはもっと短いエピソード集のようなものを想定していました。しかし取材を進めるうち、動物看護師としての成長と、人としてのそれが分かちがたく結びついていると感じ、彼らに敬意を表す意味でも、山あり谷ありの一人ひとりの成長物語として描《えが》いたつもりです。

「あなたはなぜ、この職業を選んだのですか?」と聞けば、「動物が好きだから」と開口一番、それ以外の理由はほとんど聞いたことがありません。専門性を要するプロフェッショナルでありながら、「動物と飼い主さんの力になりたい」との純粋な気持ちが誰よりも強い、全国の動物看護師のみなさんに、もっと光が当たりますように。

保田　明恵

＊参考文献

動物看護専門誌『ａｓ』（エデュワードプレス）
鷲巣月美編『ペットのがん百科――診断・治療からターミナルケアまで』（三省堂、２０１１年）
山根義久監修／公益財団法人動物臨床医学研究所編『イヌ・ネコ　家庭動物の医学大百科　改訂版』（パイインターナショナル、２０１２年）
動物看護師養成専修学校教科書作成委員会編『動物看護実習テキスト　第2版――認定動物看護師教育コアカリキュラム２０１９準拠』（インターズー〔現エデュワードプレス〕、２０１９年）
鈴木和子・渡辺裕子・佐藤律子著『家族看護学――理論と実践　第5版』（日本看護協会出版会、２０１９年）
若山正之監修『まるごとわかる犬種大図鑑――人気種から珍種まで１８８犬種を紹介！』（学研プラス、２０１４年）

著者
保田明恵（やすだ・あきえ）
ライター。犬、猫の分野を中心に執筆しており、動物と人の間に生まれる物語に関心がある。著書に『山男と仙人猫』（源）『にゃん辞苑』（アスペクト）、執筆協力に『専門医に学ぶ長生き猫ダイエット』（駒草出版）など。

装丁　宮川和夫事務所
装画・挿絵　北原明日香

動物《どうぶつ》の看護師《かんごし》さん
──動物《どうぶつ》・飼《か》い主《ぬし》・獣医師《じゅうい し》をつなぐ6つの物語《ものがたり》

2020年3月13日　第1刷発行
2023年5月10日　第4刷発行
定価はカバーに表示してあります

著　者　保　田　明　恵
発行者　中　川　　進

〒113-0033　東京都文京区本郷2-27-16
発行所　株式会社　大　月　書　店
印刷　三晃印刷
製本　中永製本
電話（代表）03-3813-4651　FAX03-3813-4656／振替 00130-7-16387
http://www.otsukishoten.co.jp/

ISBN978-4-272-33098-0　C0036 Printed in Japan